Indolalkaloide

in Tabellen

von

Manfred Hesse

Assistent am Institut für Organische Chemie
der Universität Zürich

Springer-Verlag Berlin Heidelberg GmbH 1964

ISBN 978-3-540-03164-2   ISBN 978-3-642-87058-3 (eBook)
DOI 10.1007/978-3-642-87058-3

Alle Rechte, insbesondere das der Übersetzung in fremde Sprachen, vorbehalten. Ohne ausdrückliche Genehmigung des Verlages ist es auch nicht gestattet, dieses Buch oder Teile daraus auf photomechanischem Wege (Photokopie, Mikrokopie) oder auf andere Art zu vervielfältigen.
Library of Congress Catalog Card Number W 64 — 18231.
© Springer-Verlag Berlin Heidelberg 1964
Ursprünglich erschienen bei Springer-Verlag OHG , Berlin. Göttingen . Heidelberg 1964

Die Wiedergabe von Gebrauchsnamen, Handelsnamen, Warenbezeichnungen usw. in diesem Werk berechtigt auch ohne besondere Kennzeichnung nicht zu der Annahme, daß solche Namen im Sinn der Warenzeichen- und Markenschutz-Gesetzgebung als frei zu betrachten wären und daher von jedermann benutzt werden dürften.
Offsetdruckerei Julius Beltz, Weinheim/Bergstr.

Titel-Nr. 1221

Vorwort

Die Zahl der neuisolierten Naturstoffe ist in den letzten Jahren ungeheuer gestiegen. Unter ihnen nehmen die Alkaloide eine hervorragende Stellung ein. Allein bei den Indolalkaloiden besteht die monatliche Zuwachsrate zur Zeit durchschnittlich aus zirka acht neuen Vertretern, wobei die bereits früher isolierten nicht mitgerechnet sind.

Die vorliegende Arbeit ist ein Katalog aller natürlichen Indolalkaloide, Verbindungen, die das folgende Strukturelement enthalten:

Nicht aufgenommen wurden die Mutterkornalkaloide, die Dibenzopyrrocolin-Alkaloide (Cryptaustolin, Cryptowollin) und diejenigen Indolderivate, die keinen zusätzlichen Ring enthalten. Die Pflanzenbasen sind nach strukturellen Gesichtspunkten mit den sie charakterisierenden Daten tabellarisch zusammengestellt. Insgesamt wurden 511 Alkaloide bekannter (304) und unbekannter (207) Struktur erfasst. Bei den Alkaloiden unbekannter Struktur sind nur solche berücksichtigt worden, die in der Literatur als Indolderivate bezeichnet werden.

Herrn Prof. Dr. Hans Schmid bin ich für viele Anregungen und die tatkräftige Unterstützung, die er dieser Arbeit zuteil werden liess, zu grossem Dank verpflichtet.

Zürich, September 1963

Manfred Hesse

Inhaltsverzeichnis

	Erläuterungen zu den Tabellen	7
	Abkürzungsverzeichnis	9
	Uebersichtsarbeiten	11
I.	Alkaloide vom Olivacin-Typ	12
II.	Canthin-Alkaloide	16
III.	Cinchona-Alkaloide mit Indolgerüst	18
IV.	Iboga-Alkaloide	20
V.	Alkaloide vom Vobasin-Typ	25
VI.	Alkaloide vom Eburnamin-Typ	27
VII.	Aspidosperma-Alkaloide	30
VIII.	Alkaloide vom Aspidospermatin-Typ	41
IX.	Strychnos-Alkaloide	44
X.	Alkaloide vom Ajmalicin-Typ	54
XI.	Alkaloide vom Corynanthein-Typ	62
XII.	C-Mavacurin- C-Fluorocurin-Gruppe	65
XIII.	Alkaloide vom Sarpagin-Ajmalin-Typ	67
XIV.	Alkaloide vom Yohimbin-Typ	74
XV.	Oxindol-Alkaloide	85
XVI.	Alkaloide vom Typ des Evodiamins	89
XVII.	Calycanthus-Alkaloide mit Indolgerüst	92
XVIII.	Harman-Derivate	94
XIX.	Physostogmin-Geneserin-Gruppe	98
XX.	Indolalkaloide verschiedener Typen	100
XXI.	Indolalkaloide unbekannter Struktur	104
	mit Summenformel	105
	ohne Summenformel	126
	ohne Summenformel, ohne Schmelzpunkt	128
	Nachtrag	130
	Verzeichnis der Zeitschriftenabkürzungen	140
	Summenformel-Register	145
	Pflanzenverzeichnis	158
	Sachregister	192
	Nachtrag während des Druckes	199

Erläuterungen zur tabellarischen Uebersicht

In der ersten Spalte sind die Namen (die Synonyma in Klammern darunter) und die Summenformeln aufgeführt.

Die zweite Rubrik enthält die Strukturformeln, wobei die Stereochemie soweit wie möglich berücksichtigt wurde. Hinweise auf die absolute (abs. K.) und die relative (rel. K.) Konfiguration sind ebenfalls vorhanden, teilweise auch nach der Kapitelüberschrift mit Bezug auf alle folgenden Verbindungen.

Diejenigen Pflanzen, aus denen das entsprechende Alkaloid isoliert wurde, sind in der dritten Spalte mit dem Literaturzitat alphabetisch verzeichnet.

Unter dem Stichwort Konstitution ("Konst.") sind nicht alle Arbeiten angeführt, die die Strukturaufklärung behandeln, sondern nur solche, die einen Formelvorschlag bringen, oder bei bereits vorhandener Struktur, die Stereochemie abklären.

Der Schmelzpunkt ("Schm.") bezieht sich auf die angegebene Substanz, ist diese amorph oder ein Kation, so ist der Schmelzpunkt des Salzes (z.B. des Hydrochlorides . HCl oder des Chlorides Cl $^-$) angegeben. Doppelschmelzpunkte sind durch + gekennzeichnet. Stehen bei einer Substanz mehrere Schmelzpunkte ohne die angegebenen Zeichen, so handelt es sich um solche, die beim Umkristallisieren der Substanz aus verschiedenen Lösungsmitteln gemessen wurden oder um Unstimmigkeiten in der Literatur.

Bei der optischen Drehung ("Dreh.") ist grundsätzlich der $[\alpha]_D$-Wert gemeint, ausser wenn es anders vermerkt wurde wie z.B. Hg (Quecksilberdampflampe). Die Lösungsmittel, in denen gemessen wurde, sind angegeben, nicht aber die Konzentrationen der Substanzen und die Messtemperatur.

Die Literaturangaben zu den Infrarotspektren ("IR."), Kernresonanzspektren ("NMR.") und den Massenspektren ("Mass.") beziehen sich sowohl auf die in der entsprechenden Arbeit abgebildeten Spektren, wie auch auf die Angabe von Masszahlen oder/und eine Diskussion derselben, wenn dieses auch, wie in manchen Fällen, nur mit einem kleinen Teil des Spektrums getan wird.

Soweit es aus den Originalarbeiten zu entnehmen ist, sind bei den Ultraviolettspektren ("UV.") die Lösungsmittel angegeben. Es wurde jedoch nicht vermerkt, ob es sich z.B. um 96-proz. oder 99-proz. Aethylalkohol handelt, da dieses meistens aus den Originalarbeiten nicht hervorgeht. Die Wertangaben sind alle in $\lambda_{Max.}$ in mμ und in Klammern anschliessend log ε; die Angabe 246 (4,27) bedeutet: $\lambda_{Max.}$ liegt bei 246 mμ (log ε = 4,27). Ein Zeichen (~) vor einer dieser beiden Zahlen besagt, dass in der Literatur die Maxima nicht angegeben sind, sondern das ganze UV.-Spektrum abgebildet ist und die Werte daraus abgelesen wurden (sie können teilweise bis zu ± 5 mµ bzw. ± 0,1 log ε - Einheit schwanken). Wurden keine log ε - Angaben gemacht, so geschah dies in Uebereinstimmung mit der Literatur. Das Spektrum ist jeweils nur aus einer der angegebenen Literaturstellen entnommen, die anderen Literaturdaten können geringfügig davon abweichen. ε-Werte wurden umgerechnet. Die Absorptionsminima sind nicht angegeben.

Die Spalte "Synth." (Synthesen) bringt sowohl die Total- wie auch die Partialsynthesen und manchmal auch Umwandlungen. Teilweise sind auch Synthesen von charakteristischen Abbauprodukten angeführt. Biosynthesen oder deren Diskussion sind mit (B) bezeichnet. Da bei den meisten Arbeiten jedoch nur ein Standardvertreter betrachtet wird (z.B. Strychnin, Yohimbin), sind allgemeinere Arbeiten darunter zitiert.

Die pKa-Werte sind, soweit es möglich war, mit dem Lösungsmittel angegeben, worin sie gemessen wurden. Hinsichtlich der Wiedergabe wurde kein Unterschied zwischen pKa, pK, pK^*_{MCS} und pKa' gemacht. Doppelwerte sind durch + gekennzeichnet. Liegen die pK-Werte für eine Substanz bei mehreren Autoren ausserhalb der Fehlergrenze, so sind alle angeführt.

Das Kapitel XXI behandelt die Indolalkaloide unbekannter Konstitution, die nach steigenden C-H-O-N-Werten aufgeführt sind. Existieren für ein Alkaloid mehrere Summenformeln, so ist es bei der kleinsten aufgeführt, ausser, wenn die grössere vom Autor bevorzugt wird. Verbindungen ohne Summenformeln sind nach steigendem Schmelzpunkt (der freien Base oder eines Salzes) geordnet, sie befinden sich im Anschluss an diejenigen mit Summenformeln. Schliesslich sind am Schluss des Kapitels Indolalkaloide ohne Summenformel und ohne Schmelzpunkt alphabetisch geordnet.

Die Zahlenangaben für Schmelzpunkt, optische Drehung und $\lambda_{Max.}$ der Absorptionswellenlänge wurden auf eine Stelle vor dem Komma abgerundet, diejenigen der Absorptionsintensität (log ε) und die pKa-Werte auf die zweite Dezimale.

Die Literatur wurde bis 1.1.1963 berücksichtigt, teilweise bis Frühjahr 1963. Nur wenige Zeitschriften früherer Jahrgänge, die nicht im Chemischen Zentralblatt oder in den Chemical Abstracts zu finden oder in Zürich direkt erhältlich waren, konnten nicht geprüft werden. Dazu gehören u.a.: Anales real. Soc. espan., Fis. Chim. (nicht eingesehen: 1961, 1962), Annual Report of ITSUU Laboratory (1962; No. 12), Current Science (1961), Pakistan J. Science (1960), Pakistan J. Science and Industrial Research (1962).

Der Nachtrag enthält die Literatur bis ca. Ende August 1963. Neuisolierungen bekannter Alkaloide sind darin nicht enthalten. Die Daten der Nachtragsalkaloide sind in den 3 Registern berücksichtigt worden.

Abkürzungen

Abs. K.	=	absolute Konfiguration
abs. Konf.	=	abs. K.
ACN	=	Acetonitril
ACT	=	Aceton
Alk.	=	Alkaloid
Alkal.	=	Alkaloid
amph.	=	amorph
anhy.	=	Anhydrid
ATC	=	Aethyldichlorid
ATN	=	Aethylalkohol
B	=	Biogenese
BZ	=	Benzol
C-	=	Calebassen-
.CH_3Cl	=	die Angaben beziehen sich auf das Chlormethylat bzw. auf das Dichlormethylat.
.CH_3J	=	die Angaben beziehen sich auf das Jodmethylat bzw. auf das Dijodmethylat.
.CH_3OH	=	die Angaben beziehen sich auf diejenige Substanz, die mit 1 Mol Methanol kristallisiert.
Cl^-	=	die Angaben beziehen sich auf das Chlorid bzw. auf das Dichlorid.
CRF	=	Chloroform
DMF	=	Dimethylformamid
66 % DMF	=	66-proz. Dimethylformamid
DOA	=	Dioxan
Dreh.	=	optische Drehung $[\alpha]_D$
HAc	=	Essigsäure
.HCl	=	die Angaben beziehen sich auf das Hydrochlorid bzw. das Dihydrochlorid (.2 HCl).
0,3 n HCl	=	die Drehung wurde in 0,3 n Salzsäure gemessen.
Hg	=	$[\alpha]_{Hg}$
1/2 H_2SO_4	=	die Angaben beziehen sich auf das 1/2 Hydrosulfat.

Hydr.	=	Hydrat
IR.	=	Infrarotspektrum
J^-	=	die Angaben beziehen sich auf das Jodid bzw. auf das Dijodid.
Konst.	=	Konstitution
Mass.	=	Massenspektrum
MCS	=	Methylcellosolve
MTN	=	Methylalkohol
NMR.	=	Kernresonanzspektrum
NO_3^-	=	die Angaben beziehen sich auf das Nitrat.
od.	=	oder
pH	=	pH - Wert
Pikr.	=	die Angaben beziehen sich auf das Pikrat bzw. auf das Dipikrat.
pKa	=	pKa - Wert (vgl. Erläuterungen)
PRD	=	Pyridin
rel. K.	=	relative Konfiguration
rel. Konf.	=	rel. K.
s	=	Schulter (UV.-Spektren)
Schm.	=	Schmelzpunkt
SO_4^{--}	=	die Angaben beziehen sich auf das Sulfat.
subl.	=	Sublimationspunkt
Synth.	=	Synthese
UV.	=	Ultraviolettspektrum
vgl.	=	vergleiche
WS	=	Wasser
Z.	=	Zersetzungspunkt
(?)	=	Angabe ist fraglich.
~	=	ungefähr, besonders bei UV. verwendet.
+	=	Doppelschmelzpunkt, zwei pK-Werte usw.

Uebersichtsarbeiten

Ausser den Arbeiten, die bei den einzelnen Alkaloiden zitiert sind, werden an dieser Stelle solche genannt, die entweder das gesamte Alkaloid-Gebiet zum Gegenstand haben oder aber spezielle Teile behandeln. Auf weitere Uebersichten wird in den Tabellen verwiesen.

Alkaloide [1,2,3,4]
Indolalkaloide [3,4,5,6,7,8]
Alstonia-Alkaloide [9]
Aspidosperma-Alkaloide [10]
Calebassen-Curare [11,12,13,14,15]
Rauwolfia-Alkaloide [16,17,18,19,20,21,22,22a]
Mitragyna-Alkaloide [23]
Vinca-Alkaloide [24,25,26]
Alkaloid-Biogenesen [1,2,27,28,29]
Ultraviolett-Spektren [30,31]
Massenspektren von Alkaloiden [32,33,34,35]

1) A.R. Battersby, Tetrahderon 14, 1 (1961).
2) H.-G. Boit, Ergebnisse der Alkaloid-Chemie bis 1960, Akademie-Verlag, Berlin 1961.
3) R.H.F. Manske, The Alkaloids, Vol. VII Academic Press, New York, London 1960.
4) R.H.F. Manske, H.L. Holmes, The Alkaloids, Academic Press. Inc. Publishers New York 1952, Indolalkaloide: Vol. I, II, III, V, VI und VII.
5) W.K.M. Arnold, Dissertation Zürich 1959.
6) T.R. Govindachari und S. Rajappa, J. Sci. Ind. Res. (India) 20A, 679 (1961).
7) E. Schlittler und W.I. Taylor, Experientia 16, 244 (1960).
8) A. Cerletti in E. Jucker: Fortschritte der Arzneimittelforschung 2, 227 (1960) (Basel).
9) R.C. Elderfield, Festschrift Arthur Stoll, Birkhäuser-Verlag Basel 1957.
10) J. Schmutz, Pharm. Acta Helv. 36, 103 (1961).
11) D. Bovet und F. Bovet-Nitti, Experientia 4, 325 (1948).
12) K. Bernauer, Fortschritte der Chem. organ. Naturstoffe 17, 183 (1959).
13) K. Bernauer, Planta Medica 9, 340 (1961).
14) A.R. Battersby und H.F. Hodson, Quart. Rev. 14, 77 (1960).
15) W.P. Bauer und M. Fondi, Sci. Pharm. 30, 173 (1962).
16) A. Stoll und A. Hofmann, Soc. Biol. Chemists, India 1955, 248.
17) A. Chatterjee, S.C. Pakrashi und G. Werner, Fortschritte der Chem. organ. Naturstoffe 13, 346 (1956).
18) A.J. Steenhauer, Pharm. Weekblad 91, 216 (1956).
19) L.N. Yakhontov, Uspekhi Khimii 26, 239 (1957).
20) C.J. Vamvacas, Dissertation Zürich 1956.
21) S.G. Agbalyan, Uspekhi Khimii 30, 526 (1961).
22) A. Chatterjee und A.B. Ray, J. Sci. Ind. Res. (India) 21A, 515 (1962).
22a) R.E. Woodson, H.W. Youngken, E. Schlittler und J.A. Schneider, Rauwolfia: Botany, Pharmacognosy, Chemistry and Pharmacology, Boston 1957.
23) P.A. Ongley, Ann. pharm. Franc. 11, 594 (1953).
24) O. Strouf und K. Kavkova, Chem. Listy 56, 987 (1962).
25) G.H. Svoboda, I.S. Johnson, M. Gorman und N. Neuss, J. Pharm. Sci. 51, 707 (1962).
26) S. Scheindlin und N. Rubin, J. Amer. pharm. Assoc., Sci. Edn. 44, 330 (1955).
27) R. Thomas, Tetrahedron Letters 1961, 544.
28) R.B. Woodward, Angew. Chem. 68, 13 (1956).
29) E. Wenkert, J. Amer. Chem. Soc. 84, 98 (1962).
30) M.J. Kamlet, Organic Electronic Spectral Data, Vol. I 1946-1952, Interscience Publishers, Inc., New York 1960.
31) H.E. Ungnade, Organic Electronic Spectral Data, Vol. II 1953-1955, Interscience Publishers, Inc., New York 1960.
32) K. Biemann, Angew. Chem. 74, 102 (1962).
33) K. Biemann, Mass Spectrometry, McGraw-Hill New York, 1962.
34) J.E. Beynon und A.E. Williams, Appl. Spectroscopy 14, 27 (1960).
35) J.E. Beynon und A.E. Williams, Appl. Spectroscopy 13, 101 (1959).

I

Alkaloide vom Olivacin-Typ

Alkaloide vom Olivacin-Typ

Name	Strukturformel	Vorkommen	Konst.	Schm.	pKa	Dreh.	IR.	NMR.	Mass.	UV.	Synth.
Olivacin (Alkaloid- 205) [44] (Guatambu- inin) [43] $C_{17}H_{14}N_2$		Aspidosperma australe [42] Aspidosperma longepetiolatum [43] Aspidosperma olivaceum [37] Aspidosperma subincanum [36] Tabernaemontana psychotrifolia [44]	40)41) 42)	314- 316° 42)	6,05 MCS 40)	0· PRD 42)	37) 39) 40) 45)			ATN 224(4,39) 238(4,33) 276(4,70) 287(4,85) 292(4,83) 314(3,66) 329(3,80) 375(3,66) 37), 40) 42), 43) 45)	38) 39) 40) 40)(B)
Ellipticin $C_{17}H_{14}N_2$		Aspidosperma subincanum [36] Ochrosia elliptica [47] [48] Ochrosia sandwicensis [47]	46)	311- 315· (Z.) 47)	5,78 MCS 40)		40) 45) 47)	47)		ATN 227-234$_s$ (4,32) 238(4,36) 245$_s$(4,31) 276(4,74) 287(4,90) 295(4,88) 318-322$_s$ (3,52) 333(3,71) 343-347$_s$ (3,47) 384(3,61) 401(3,58) 45)47)49)	46), 49) 50) 46)(B)
Methoxy- ellipticin $C_{18}H_{16}ON_2$		Ochrosia elliptica [47)48] Ochrosia sandwicensis [47]	47)	280- 285· (Z.) 47)		0· 47)	45)	47)		ATN 246(4,42) 277(4,66) 294(4,73) 307$_s$(4,49) 337(3,81) 353(3,54) 403(3,57) 410-420$_s$ (3,55-3,52) 45) 47)	
1,2-Dihydro- ellipticin- methonitrat $C_{18}H_{19}O_3N_3$	= 1,2-Dihydroellipticin- N$_{(b)}$-methonitrat	Aspidosperma subincanum [36]	36)	301- 302· (Z.) 36)			36)			MTN 236(4,45) 244$_s$(4,30) 271$_s$(4,46) 281(4,64) 302(4,18) 313(4,30) 382(4,43) 36)	36)
Ellipticin- methonitrat $C_{18}H_{17}O_3N_3$	= Ellipticin-N$_{(b)}$-metho- nitrat	Aspidosperma subincanum [36]	36)	293- 304· (Z.) 36)			36)			MTN 241(4,38) 249(4,36) 307(4,86) 356(3,72) 423(3,68) 36)	36)

36) G. Büchi, D.W. Mayo und F.A. Hochstein, Tetrahedron 15, 167 (1961).
37) J. Schmutz und F. Hunziker, Pharm. Acta Helv. 33, 341 (1958).
38) E. Wenkert und K.G. Dave, J. Amer. Chem. Soc. 84, 94 (1962).

Name	Sturkturformel	Vorkommen	Konst.	Schm.	pKa	Dreh.	IR.	NMR.	Mass.	UV.	Synth.
1,2-Dihydro-olivacin (u-Alkal. D) 51) $C_{17}H_{16}N_2$		Aspidosperma ulei 52)	51)	307-308° (Z.) 51)	8,09 MCS 51)	0° PRD 52)	39) 52)				39)
1,2-Dihydro-ellipticin (u-Alkal. D) 51) $C_{17}H_{16}N_2$		Aspidosperma subincanum 36) Aspidosperma ulei 52)	51)	287-290° 51)	7,53 MCS 51)	0° PRD 52)	36) 52)				51)
d-Guatambuin (u-Alkal. C) 43) (Alkaloid B) 53) $C_{18}H_{20}N_2$		Aspidosperma australe 42) Aspidosperma longepetiolatum 43)54) Aspidosperma ulei 52)	40) 41) 42)	249-252° (Z.) 52)	7,87 MCS 52)	+112° PRD 52)	52)			ATN 241(4,62) 250(4,48) 263(4,34) 299(4,24) 330(3,59) 42), 52)	
l-Guatambuin $C_{18}H_{20}N_2$	vgl. d-Guatambuin	Aspidosperma australe 42)	42)	247-248° 42)		-106° PRD 42)				ATN 240(4,61) 250(4,49) 262(4,32) 299(4,28) 330(3,64) 42)	
dl-Guatambuin $C_{18}H_{20}N_2$	vgl. d-Guatambuin	Aspidosperma australe 42)	42)	247-248° 42)		0° PRD 42)	39)			ATN 240(4,62) 250(4,49) 262(4,32) 299(4,28) 330(3,61) 42)	39)
N-Methyl-tetrahydro-ellipticin (u-Alkal. B) 40) $C_{18}H_{20}N_2$		Aspidosperma subincanum 46) Aspidosperma ulei 52)	46) 47)	215-225° (Z.) 36) 52)	7,49 MCS 52)	0° CRF 52)	36) 45) 52)			MTN 229(4,48) 242(4,69) 248(4,57) 263(4,31) 284(3,96) 294(4,20) 317(3,42) 327(3,58) 340(3,56) 36), 45) 47), 52)	47) 46)(B)

39) J. Schmutz und H. Wittwer, Helv. Chim. Acta 43, 793 (1960).
40) G.B. Marini-Bettòlo und J. Schmutz, Helv. Chim. Acta 42, 2146 (1959).
41) M.A. Ondetti und V. Deulofeu, Tetrahedron Letters 1, 18 (1960).

Name	Strukturformel	Vorkommen	Konst.	Schm.	pKa	Dreh.	IR.	NMR.	Mass.	UV.	Synth.
Ellipticinin $C_{20}H_{24}O_2N_2$	(?)	Ochrosia elliptica [47]	47)	231-233° 47)		-255° ATN 47)	47)			ATN 222_s(4,37) 311(4,27) 47)	47)(B)

42) M. A. Ondetti und V. Deulofeu, Tetrahedron 15, 160 (1961).
43) G. B. Marini-Bettòlo und P. Carvalho-Ferreira, Ann. Chim. 49, 869 (1959).
44) M. Gorman, N. Neuss, N. J. Cone und J. A. Deyrup, J. Amer. Chem. Soc. 82, 1142 (1960).
45) N. Neuss, Physical Data of Indole and Dihydroindole Alkaloids, Ely Lilly and Company, Indianapolis 6, Indiana, U.S.A., Edn. 1954, 1956, 1960, 1961, 1962.
46) R. B. Woodward, G. A. Iacobucci und F. A. Hochstein, J. Amer. Chem. Soc. 81, 4434 (1959).
47) S. Goodwin, A. F. Smith und E. C. Horning, J. Amer. Chem. Soc. 81, 1903 (1959).
48) S. M. Goodwin, XIV. Internat. Kongress f. reine und angewandte Chemie, Zürich 1955.
49) P. A. Cranwell und J. E. Saxton, J. Chem. Soc. 1962, 3482.
50) P. A. Cranwell und J. E. Saxton, Chem. and Ind. 1962, 45.
51) H. Lehner und J. Schmutz, Helv. Chim. Acta 44, 444 (1961).
52) J. Schmutz und F. Hunziker, Helv. Chim. Acta 41, 288 (1958).
53) M. A. Ondetti und V. Deulofeu, Tetrahedron Letters 7, 1 (1959).
54) P. Carvalho Ferreira, G. B. Marini-Bettòlo und J. Schmutz, Experientia 15, 179 (1959).

II

Canthin - Alkaloide

Canthin-Alkaloide

Name	Strukturformel	Vorkommen	Konst.	Schm.	pKa	Dreh.	IR.	NMR.	Mass.	UV.	Synth.
Canthinon $C_{14}H_8ON_2$		Pentaceras australis [57] Xanthoxylum suberosum [59]	57)	163-164° 57)		0° 57)				DOA 251(4,09) 259(4,05) 269(4,03) ~293(3,90) 299(3,91) 347(3,94) 362(4,17) 381(4,14) 55), 57)	58)
Methoxy-canthinon $C_{15}H_{10}O_2N_2$		Pentaceras australis [57]	56)	242° 57)						DOA ~226(4,43) ~238(4,34) 266(4,32) 284(4,10) 293(4,09) ~338(3,87) 352(4,15) 369(4,20) 55), 56)	
Methylthio-canthinon $C_{15}H_{10}ON_2S$		Pentaceras australis [57]	55)	253-254° 57)						DOA 239(4,42) 253(4,41) 294(4,22) 306(4,09) ~350(4,03) 362(4,19) 380(4,14) 55)	55)

---

55) E. R. Nelson und J. R. Price, Austral. J. Sci. Res. A 5, 768 (1952).
56) H. F. Haynes, E. R. Nelson und J. R. Price, Austral. J. Sci. Res. A 5, 563 (1952).
57) H. F. Haynes, E. R. Nelson und J. R. Price, Austral. J. Sci. Res. A 5, 387 (1952).
58) G. Hahn und A. Hansel, Ber. dtsch. chem. Ges. 71, 2163 (1938).
59) J. R. Cannon, G. K. Hughes, E. Ritchie und W. C. Taylor, Austral. J. Chem. 6, 86 (1953).

III

Cinchona - Alkaloide

mit

Indol - Gerüst

Cinchona-Alkaloide mit Indol-Gerüst

Name	Strukturformel	Vorkommen	Konst.	Schm.	pKa	Dreh.	IR.	NMR.	Mass.	UV.	Synth.
Cinchonamin $C_{19}H_{24}ON_2$ abs. K.		Remijia purdieana 66)	64) 65) 71)	186° 71) 196° 63)	8,28 80 % MCS 71)	+121° ATN 71)	45) 71)			MTN 223(4,60) ~282(3,95) 292(3,88) 45) 63)71)73)	61) 63) 71) 28)(B) 62)(B) 71)(B)
Conchinamin (Epichinamin) 73) $C_{19}H_{24}O_2N_2$		Cinchona rosulenta 68) Cinchona succirubra 68)	73)	123° 60)		+205° ATN 60) +185° CRF 60)				ATN ~240(3,72) ~302(3,25) 73)	73) 62)(B)
Chinamin $C_{19}H_{24}O_2N_2$		Cinchona calisaya var. 67)68) C. erythrantha 68) C. erythroderma 68) C. leggeriana 70) C. nitida 68) C. officinalis 67) C. rosulenta 68) C. succirubra 67)69)	72) 73) 74)	185-186° 70)		+116° oder +104° ATN 70)	45) 71)			MTN 242(3,93) 301(3,39) 45),71) 73)	73) 74)

Chinamin und Conchinamin unterscheiden sich in der Konfiguration an C*.

60) O. Hesse, Liebigs Ann. Chem. 209, 62 (1881).
61) E. Ochiai, H. Kataoka, T. Dodo und M. Takahashi, Ann. Report ITSUU Lab. No. 12, 11 (1962).
62) N. Kowanko und E. Leete, J. Amer. Chem. Soc. 84, 4919 (1962).
63) C.-B. Chen, R. P. Evstigneeva und N. A. Preobrazhenskii, Doklady Adad. Nauk S.S.S.R. 123, 707 (1958); Chem. Abstr. 53, 7219 (1959).
64) R. L. Augustine, Chem. and Ind. 1959, 1071.
65) E. Wenkert und N. V. Bringi, J. Amer. Chem. Soc. 80, 3484 (1958).
66) O. Hesse, Liebigs Ann. Chem. 225, 211 (1884).
67) O. Hesse, Liebigs Ann. Chem. 207, 288 (1881).
68) O. Hesse, Ber. dtsch. chem. Ges. 10, 2152 (1877).
69) O. Hesse, Ber. dtsch. chem. Ges. 5, 265 (1872).
70) T. A. Henry, K. S. Kirby und G. E. Shaw, J. Chem. Soc. 1945, 524.
71) R. Goutarel, M.-M. Janot, V. Prelog und W. I. Taylor, Helv. Chim. Acta 33, 150 (1950).
72) J. G. Scane, Acta crystallographica 15, 512 (1962).
73) C. C. J. Culvenor, L. J. Goldsworthy, K. S. Kirby and R. Robinson, J. Chem. Soc. 1950, 1485.
74) B. Witkop, J. Amer. Chem. Soc. 72, 2311 (1950).

IV

Iboga - Alkaloide

Die angegebenen Konfigurationen sind relativ.

Iboga-Alkaloide

Name	Strukturformel	Vorkommen	Konst.	Schm.	pKa	Dreh.	IR.	NMR.	Mass.	UV.	Synth.
Ibogamin $C_{19}H_{24}N_2$		Stemmadenia galeottiana [44)] Tabernanthe iboga [76)77)] Tabernanthe oppositifolia [44)]	76) 78) 79) 80) 85) 105)	162-163° [76)]	8,1 80 % MCS 78)	-54° ATN 75) ——— -36° CRF 76)	44) 45) 75) 81)		32) 33) 82) 83)	MTN 225(4,56) 283(3,96) 291(3,94) 45)75)77) 81)84)	
Desmethoxy-ibolutein $C_{19}H_{24}ON_2$		Tabernanthe iboga [76)]	78)	141° [76)]			81)			ATN 230-1(4,37) 250-2(3,81) 256_s(3,80) 400-1(3,52) 76), 81)	76)
Hydroxy-indolenin-ibogamin $C_{19}H_{24}ON_2$		Tabernanthe iboga [76)]	78)	168-172° [76)]		+83° ATN 76)				ATN 217-9(4,27) 222(4,30) 228_s(4,14) 253-4(3,59) 281(3,50) 292_s(3,48) 76)	78)
Ibogain $C_{20}H_{26}ON_2$		Tabernanthe iboga [76)86)]	76) 78) 79) 80) 87) 98)	152-153° [76)]	8,05 80 % MCS 96)	-48° ATN 86)	45) 81) 88) 89)	90)	32) 33) 82) 83) 98)	MTN 226(4,39) 298(3,93) 45)81)84) 87)91)	87)89) 92)93) 98)104) 105) 94)(B) 95)(B)
Tabernanthin $C_{20}H_{26}ON_2$		Stemmadenia donnell-smithii [75)] Tabernanthe iboga [76)]	75) 76) 78) 80) 105)	211-212° [75)] 214-215° [76)]	6,04 80 % MCS 78)	-35° CRF 75) ——— -40° ACT 45)	45)		33) 82)	ATN 228(4,53) 271(3,64) 299(3,77) 45),75) 84),91)	92) 105)
Hydroxy-indolenin-ibogain $C_{20}H_{26}O_2N_2$		Tabernanthe iboga [76)]	76) 78)	147-149° [76)]		+74° ATN 76)	81)			ATN 223(4,14) 260_s 283(3,77) 290_s 312-3(3,55) 76)	76) 78)

Name	Strukturformel	Vorkommen	Konst.	Schm.	pKa	Dreh.	IR.	NMR.	Mass.	UV.	Synth.
Ibolutein $C_{20}H_{26}O_2N_2$		Tabernanthe iboga 76)111)	76) 78) 79)	142° 76)		-295° ATN 111) -114° CRF 76)	45) 81)			MTN 227(4, 44) 245(4, 3) 420(3, 45) 45), 81)	76) 78)
Iboxygain $C_{20}H_{26}O_2N_2$		Tabernanthe iboga 97)	97) 98)	234° 97)		-5° CRF 97) -11° ATN 93)	97)		82) 98)	228(4, 46) 288(4, 0) 97)	93)
Catharanthin $C_{21}H_{24}O_2N_2$		Vinca rosea (Catharanthus roseus) 99)	25) 100) 108)	126- 128° 99)	6,8 66 % DMF 99)	+30° CRF 99)	25) 45) 99) 101)	25) 100)	33)	ATN 226(4, 56) 284(3, 92) 292(3, 88) 25), 45) 99)	
Coronaridin $C_{21}H_{26}O_2N_2$		Ervatamia coronaria (Tabernaemontana coronaria) 44) Ervatamia divaricata 44) Tabernaemontana oppositifolia 44) Tabernaemontana psychotrifolia 44)	44) 105)	amph. .HCl 235° (Z.) 44)		.HCl -9° MTN 44)	44) 45)		33)	.HCl ATN 224(4, 51) 285(3, 92) ~290(3, 90) 45)	
Ibogalin $C_{21}H_{28}O_2N_2$		Tabernanthe iboga 102)	102)	141- 143° 102)		-43° CRF 102)	45) 102)		32) 33) 82)	ATN 227(4, 40) 302(3, 92) 45), 102)	102)

75) F. Walls, O. Collera und A. Sandoval, Tetrahedron 2, 173 (1958).
76) D. F. Dickel, C. L. Holden, R. C. Maxfield, L. E. Paszek und W. I. Taylor, J. Amer. Chem. Soc. 80, 123 (1958).
77) C. A. Burckhardt, R. Gouratel, M. M. Janot und E. Schlittler, Helv. Chim. Acta 35, 642 (1952).
78) M. F. Bartlett, D. F. Dickel und W. I. Taylor, J. Amer. Chem. Soc. 80, 126 (1958).

Name	Strukturformel	Vorkommen	Konst.	Schm.	pKa	Dreh.	IR.	NMR.	Mass.	UV.	Synth.
Voacryptin $C_{22}H_{26}O_4N_2$		Voacanga africana [103]	[104]	175-176° [103]		+25° CRF [103]	[103] [104]			224(4,46) 285(3,98) [103]	
Isovoa-cangin $C_{22}H_{28}O_3N_2$		Conopharyngia durissima [105] Stemmadenia donnell-smithii [75]	[75] [105]	156-157° [75]	5,65 MCS [105]	-52° CRF [75]	[45] [75] [105]			ATN 227(4,55) 278(3,66) 300(3,82) [45], [75] [105]	
Voacangin $C_{22}H_{28}O_3N_2$		Gabunia eglandulosa [105] Stemmadenia donnell-smithii [75] Tabernaemontana australis [44] T. oppositifolia [44] T. psychotrifolia [44] Tabernanthe iboga [76] Voacanga africana [107] [109] V. dregei [106] V. thouarsii var. obtusa [107]	[75] [78] [87] [95] [105]	137-138° [75]	7,4 40 % MTN [76]	-42° CRF [106] -28° CRF [75]	[44] [45] [75] [107]	[90]		MTN 225(4,43) 287(3,97) 300(3,93) [45], [75] [76], [107]	[94](B)
Voacristin (Voacangarin) [93] $C_{22}H_{28}O_4N_2$		Voacanga africana [110]	[89] [93] [104]	112-114° und 163-165° [93]		-29° CRF [89]	[45] [89] [110]			ATN 226(4,45) 286(3,99) 302(3,91) 314_s(3,65) [45], [89] [110]	[104]

79) R. Goutarel, F. Percheron, J. Wohlfahrt und M.-M. Janot, Ann. Pharm. Franc. 15, 353 (1957).
80) W. I. Taylor, J. Amer. Chem. Soc. 79, 3298 (1957).
81) M. Goutarel, M.-M. Janot, F. Mathys und V. Prelog, Helv. Chim. Acta 39, 742 (1956).
82) K. Biemann und M. Friedmann-Spiteller, J. Amer. Chem. Soc. 83, 4805 (1961).
83) K. Biemann, Tetrahedron Letters 15, 9 (1960).
84) E. Schlittler, C. A. Burckhardt und E. Gellért, Helv. Chim. Acta 36, 1337 (1953).
85) H. B. MacPhillamy, R. L. Dziemian, R. A. Lucas und M. E. Kuehne, J. Amer. Chem. Soc. 80, 2172 (1958).
86) J. Dybowski und E. Landrin, Compt. rend. hebd. Séances Acad. Sci. 133, 748 (1901); Chem. Zentr. 1901, II, 1352.
87) M.-M Janot und R. Goutarel, Compt. rend. hebd. Séances Acad. Sci. 241, 986 (1955).
88) K. Eiter und O. Svierak, Monatshefte Chem. 83, 1453 (1952).
89) D. Stauffacher und E. Seebeck, Helv. Chim. Acta 41, 169 (1958).
90) J. Pecher, R. H. Martin, N. Defay, M. Kaisin, J. Peeters, G. v. Binst, N. Verzele und F. Alderweireldt, Tetrahedron Letters 1961, 270.

Name	Strukturformel	Vorkommen	Konst.	Schm.	pKa	Dreh.	IR.	NMR.	Mass.	UV.	Synth.
Conopharyngin (12,13-Dimethoxy-coronaridin) $C_{23}H_{30}O_4N_2$		Conopharyngia durissima 92)105)	105)	141-143° 105)	5,61 MCS 105)	-41° CRF 105)	45) 105)			ATN 225(4,47) 304(4,05) 45), 92) 105)	

Leurocristin siehe unter Aspidosperma-Alkaloide.

91) Raymond-Hamet, Compt. rend. hebd. Séances Acad. Sci. 229, 1359 (1949).
92) U. Renner und D. A. Prins, Deutsch. Patent 1.132.561; Chem. Abstr. 58, 561 (1963).
93) U. Renner und D. A. Prins, Experientia 15, 456 (1959).
94) W. I. Taylor, Experientia 13, 454 (1957).
95) F. Percheron, A. Le Hir, R. Goutarel und M.-M. Janot, Compt. rend. hebd. Séances Acad. Sci. 245, 1141 (1957).
96) M.-M. Janot, R. Goutarel und R. P. A. Sneeden, Helv. Chim. Acta 34, 1205 (1951).
97) R. Goutarel, F. Percheron und M.-M. Janot, Compt. rend. hebd. Séances Acad. Sci. 246, 279 (1958).
98) K. Biemann und M. Friedmann-Spiteller, Tetrahedron Letters, 1961, 68.
99) M. Gorman, N. Neuss, G. H. Svoboda, A. J. Barnes und N. J. Cone, J. Amer. Pharm. Assoc., Sci. Edn. 48, 256 (1959).
100) N. Neuss und M. Gorman, Tetrahedron Letters 1961, 206.
101) G. H. Svoboda, N. Neuss und M. Gorman, J. Amer. Pharm. Assoc., Sci. Edn. 48, 659 (1959).
102) N. Neuss, J. Org. Chem. 24, 2047 (1959).
103) U. Renner, Experientia 15, 185 (1959).
104) U. Renner und D. A. Prins, Experientia 17, 106 (1961).
105) U. Renner, D. A. Prins und W. G. Stoll, Helv. Chim. Acta 42, 1572 (1959).
106) B. O. G. Schuler, A. A. Verbeek und F. L. Warren, J. Chem. Soc. 1958, 4776.
107) M.-M. Janot und R. Goutarel, Compt. rend. hebd. Séances Acad. Sci. 240, 1800 (1955).
108) J. P. Kutney, J. Trotter, T. Tabata, A. Kerigan und N. Camerman, Chem. and Ind. 1963, 648.
109) J. La Barre und L. Gillo, Bull. Acad. Roy. Méd. Belg. 20, 194 (1955).
110) U. Renner, Experientia 13, 468 (1957).
111) R. Goutarel und M.-M. Janot, Ann. Pharm. Franc. 11, 272 (1953).

V

Alkaloide vom Vobasin-Typ

Vobasin-Gruppe

Name	Strukturformel	Vorkommen	Konst.	Schm.	pKa	Dreh.	IR.	NMR.	Mass.	UV.	Synth.
Vobasin $C_{21}H_{24}O_3N_2$		Voacanga africana [103]	113) 114) 118)	111- 113° 103)		-159° CRF 103)	103) 112)	118)		ATN 239(4, 20) 315(4, 29) 44), 103) 112)	
Tabernaemontanin $C_{21}H_{26}O_3N_2$		Ervatamia coronaria (Tabernaemontana coronaria) 44)115)	113) 114) 118)	217- 219° 44)	6,8 66 % DMF 44)	-58° CRF 44)	112)			ATN 237(4, 16) 312(4, 24) 44), 112)	114)
Dregamin $C_{21}H_{26}O_3N_2$		Ervatamia coronaria (Tabernaemontana coronaria) 44)117) Voacanga dregei 116)	113) 114) 118)	106- 109° und 186- 205° (Z.) 116)		-93° CRF 116)	112) 116)			ATN 239(4, 18) 316(4, 27) 44), 112) 116)	114)
Ochropin $C_{23}H_{28}O_4N_2$		Ochrosia poweri 112)	zit. 112)	146° 112)		-229° ACT 112)	112)			333(4, 36) 112)	

---

112) N. Neuss, Physical Data of Indole and Dihydroindole Alkaloids, Ely Lilly and Company, Indianapolis 6, Indiana, U.S.A., Edn. 1954, 1956, 1960, 1961, 1962.
113) U. Renner und D.A. Prins, Experientia 17, 209 (1961).
114) U. Renner und D.A. Prins, Angew. Chemie 73, 344 (1961).
115) A.N. Ratnagiriswaran und K. Venkatachalam, Quart. J. Pharm. Pharmacol. 12, 174 (1939).
116) N. Neuss und N.J. Cone, Experientia 15, 414 (1959).
117) S.A. Warsi und Bashin Ahmed, Pakistan J. Sci. 1, 128 (1949).
118) M.P. Cava, S.K. Talapatra, J.A. Weisbach, B. Douglas und G.O. Dudek, Tetrahedron Letters, 1963, 53.

VI

Alkaloide vom Eburnamin-Typ

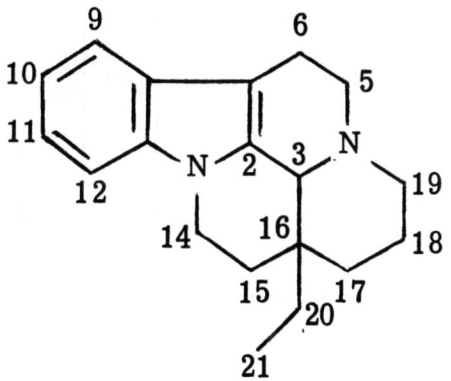

Alkaloide vom Eburnamin-Typ

Name	Strukturformel	Vorkommen	Konst.	Schm.	pKa	Dreh.	IR.	NMR.	Mass.	UV.	Synth.
Eburnamenin $C_{19}H_{22}N_2$		Aspidosperma quebracho-blanco 123) Hunteria eburnea 119) Pleiocarpa mutica 121) Rhazya stricta 123)	119) 120)	amph. Pikr. 196° 119)		+183° CRF 119)		122)	122) 123)	ATN 223(4,37) 258(4,47) 301(3,88) 119), 121)	123)(B)
Eburnamonin $C_{19}H_{22}ON_2$		Hunteria eburnea 119) Rhazya stricta 123)	119) 120) 124)	183° 119)		+89° CRF 119)	45)	122)	122) 123)	241(4,30) 268(4,01) 296(3,68) 302(3,68) 45), 119)	120) 125) 126) 123)(B) 129)(B)
Vincanorin $C_{19}H_{22}ON_2$	(±) Eburnamonin	Vinca minor 127)128)	129) 129a)	201-203° 127)		0° CRF 127)	127)			ATN 242(4,33) 268(4,03) 296(3,71) 304(3,71) 127), 129)	vgl. Eburnamonin
Eburnamin (Pleiocarpinidin) 144) $C_{19}H_{24}ON_2$	α-OH(äquatorial)	Hunteria eburnea 119) Pleiocarpa mutica 121) Rhazya stricta 123)	119) 120)	181° 119)		-93° CRF 119)	45)	122)	122)	ATN 229(4,53) 276(3,92) 282(3,91) 45), 119) 121)	123)(B)
Isoeburnamin $C_{19}H_{24}ON_2$	β-OH(axial)	Hunteria eburnea 119)	119) 120)	217-220°		+111° CRF 119)	45)	122)		ATN 228(4,51) 282(3,90) 45)	

119) F. Bartlett, W. I. Taylor und Raymond-Hamet, Compt. rend. hebd. Séances Acad. Sci. 249, 1259 (1959).
120) M. F. Bartlett und W. I. Taylor, J. Amer. Chem. Soc. 82, 5941 (1960).
121) W. G. Kump und H. Schmid, Helv. Chim. Acta 44, 1503 (1961).
122) M. Plat, D. D. Manh, J. Le Men, M.-M. Janot, H. Budzikiewicz, J. M. Wilson, L. J. Durham und C. Djerassi, Bull. Soc. Chim. France 1962, 1082.
123) H. K. Schnoes, A. L. Burlingame und K. Biemann, Tetrahedron Letters 1962, 993.
124) E. Wenkert, J. Amer. Chem. Soc. 84, 98 (1962).
125) M. F. Bartlett und W. I. Taylor, Tetrahedron Letters 20, 20 (1959).

Name	Strukturformel	Vorkommen	Konst.	Schm.	pKa	Dreh.	IR.	NMR.	Mass.	UV.	Synth.
Vincaminin $C_{21}H_{24}O_4N_2$	rel. Konf.	Vinca minor [130)131)]	131)	208-210° (Z.) 130)		+30° PRD 130)	45) 130) 131)			MTN 226(4, 44) 278(3, 88) 45), 130) 131)	
Vicamin (Minorin) 132), 133) $C_{21}H_{26}O_3N_2$	rel. Konf.	Vinca difformis [139)] V. erecta [138)] V. major [141)] V. minor [128)134) 135)136)137)]	122) 126) 127a) 127b)	232-233° 135)		+41° PRD 135)	45) 126) 135) 140)	122)	122)	ATN 225(4, 14) 278(3, 61) 45), 122) 135), 139) 140)	126)(B)
Vincinin $C_{22}H_{26}O_5N_2$	rel. Konf.	Vinca minor [130)131)]	131)	202-204° (Z.) 130)		+24° PRD 130)	130) 131)			MTN 228(4, 46) 272(3, 81) 298(3, 68) 130), 131)	
Vincin (11-Methoxy-vincamin) $C_{22}H_{28}O_4N_2$	rel. Konf.	Vinca minor [122)134)]	122) 142)	212-214° 134)		+36° PRD 134) −10° CRF 122)	45) 134)	122)	122)	MTN 230(4, 52) 272(3, 86) 296(3, 74) 45), 122) 134)	
Schizozygin $C_{20}H_{20}O_3N_2$	rel. Konf.	Schizozygia caffaeoides [143)]	143)	192-194° 143)	4,29 80 % MCS 143)	+16° CRF 143)	143)	143)	143)	MTN 269(3, 99) 313(3, 97) 143)	143)(B)

126) J. Trojánek, O. Štrouf, J. Holubek und Z. Čekan, Tetrahedron Letters **1961**, 702.
127) J. Mokrý, I. Kompiš, O. Bauerová, J. Tomko und Š. Bauer, Experientia **17**, 354 (1961).
127a) J. Mokrý, I. Kompiš, J. Suchy, P. Šefčovič und Z. Voticky, Chem. Zvesti **16**, 140 (1962).
127b) O. Clauder, K. Gesztes und K. Szász, Tetrahedron Letters **1962**, 1147.
128) O. Bauerová, J. Mokrý, I. Kompiš, Š. Bauer und J. Tomko, Chem. Zvesti **15**, 523 (1961).
129) J. Mokrý, I. Kompiš und P. Šefčovič, Tetrahedron Letters **1962**, 433.
129a) J. Mokrý, I. Kompiš, P. Šefčovič und Š. Bauer, Coll. Czech. Chem. Comm. **28**, 1309 (1963).
130) J. Trojánek, O. Štrouf, K. Kavková und Z. Čekan, Chem. and Ind. **1961**, 790.
131) J. Trojánek, O. Štrouf, K. Kavková und Z. Čekan, Coll. Czech. Chem. Comm. **27**, 2801 (1962).
132) P. K. Yuldashev, V. M. Malikov und S. J. Yunusov, Dokl. Akad. Nauk Uzbek. S. S. R. **1**, 25 (1960).
133) Z. Čekan, J. Trojánek und E. S. Zabolotnaja, Tetrahedron Letters **18**, 11 (1959).
134) J. Trojánek, K. Kavková, O. Štrouf und Z. Čekan, Coll. Czech. Chem. Comm. **26**, 867 (1961).
135) E. Schlittler und A. Furlenmeier, Helv. Chim. Acta **36**, 2017 (1953).
136) P. N. Ljapunova, zitiert bei O. Štrouf und K. Kavková, Chem. Listy **56**, 987 (1962).
137) K. Szász, L. Szporny, E. Bittner, I. Gyenes, E. Hável und I. Magó, Magyar Kém. Folyóirat **64**, 296 (1958).
138) P. K. Yuldashev, Izv. Akad. Nauk S. S. S. R. **1953**, 188.
139) M.-M. Janot, J. Le Men und C. Fan, Ann. Pharm. Franc. **15**, 513 (1957).
140) M. Pailer und L. Belohlav, Monatshefte Chem. **85**, 1055 (1954).
141) N. R. Farnsworth, Diss. Abstracts **20**, 3266 (1960).
142) O. Štrouf und J. Trojánek, Chem. and Ind. **1962**, 2037.
143) U. Renner und P. Kernweisz, Experientia **19**, 244 (1963) und Vortrag am 8.2.1963 in der ETH Zürich.
144) W. G. Kump, Privatmitteilung.

VII

Aspidosperma - Alkaloide

Die angegebenen Konfigurationen sind relativ.

Aspidosperma-Alkaloide

Name	Strukturformel	Vorkommen	Konst.	Schm.	pKa	Dreh.	IR.	NMR.	Mass.	UV.	Synth.
1,2-Dehydro-aspidospermidin (Alkaloid 280A) $C_{19}H_{24}N_2$		Aspidosperma quebracho-blanco 145)146) Rhazya stricta 145)	145) 146) 232)	amph. 146)					146) 147) 232)	ATN 222(4,39) 228(4,26) 253(3,78) 232)	145)(B)
Aspidofractinin $C_{19}H_{24}N_2$		Aspidosperma refractum 148)	148)	amph. 148)			148)		148)		
(-)Quebracha-min (Kamassin)150) $C_{19}H_{26}N_2$		Aspidosperma album 154) A. chakensis 155) A. peroba 239) A. polyneuron 153)157) A. quebracho-blanco 151)146) Gonioma kamassi 152) Rhazya stricta 145)156)	147) 158) 159) 202)	147° 150)	6,76 80 % MCS 160)	-100° CRF 150) -117° CRF 156)	150) 156) 160) 163)	161)	146) 147) 159) 162)	MTN 230(4,55) 287(3,85) 293(3,84) 150), 152) 153), 156) 160), 163)	145)(B) 147)(B)
(+)Quebracha-min $C_{19}H_{26}N_2$	vgl. (-)Quebrachamin	Stemmadenia donnell-smithii 149)	147) 149)	147-149° 149)		+111° CRF 149)	149)			ATN 228(4,52) 284(3,87) 291(3,86) 149)	
Aspido-spermidin (Alk. 282 A) $C_{19}H_{26}N_2$		Aspidosperma quebracho-blanco 145)146)147) Rhazya stricta 145)	145) 146) 232)	110-112° 146)					146) 147) 232)		145)(B) 146)(B)

145) H.K. Schnoes, A.L. Burlingame und K. Biemann, Tetrahedron Letters 1962, 993.
146) K. Biemann, M. Friedmann-Spiteller und G. Spiteller, Tetrahedron Letters 1961, 485.
147) K. Biemann und G. Spiteller, J. Amer. Chem. Soc. 84, 4578 (1962).
148) C. Djerassi, H. Budzikiewicz, R.J. Owellen, J.M. Wilson, W.G. Kump, D.J. Le Count, A.R. Battersby und H. Schmid, Helv. Chim. Acta 46, 742 (1963).
149) F. Walls, O. Collera und A. Sandoval, Tetrahedron 2, 173 (1958).
150) E. Gellért und B. Witkop, Helv. Chim. Acta 35, 114 (1952).
151) O. Hesse, Liebigs Ann. Chem. 211, 249 (1882).
152) E. Schlittler und E. Gellért, Helv. Chim. Acta 34, 920 (1951).
153) J. Schmutz und H. Lehner, Helv. Chim. Acta 42, 874 (1959).
154) C. Djerassi, L.D. Antonaccio, H. Budzikiewicz und J.M. Wilson, Tetrahedron Letters, 1962, 1001.
155) O.O. Orazi, R.A. Corral, J.S.E. Holker und C. Djerassi, J. Org. Chem. 21, 979 (1956).

Name	Strukturformel	Vorkommen	Konst.	Schm.	pKa	Dreh.	IR.	NMR.	Mass.	UV.	Synth.
Decarbo-methoxy-kopsin $C_{20}H_{22}O_2N_2$		Kopsia fruticosa [164)237)]	165) 167)	100-135° 165) 240-242° 166)	5,41 MCS 165)		165) 166)			ATN 244(3,90) 294(3,60) 165), 166)	165) 166) 167)
Decarbo-methoxy-isokopsin $C_{20}H_{22}O_2N_2$		Kopsia fruticosa [164)237)]	165)	238-240° 165)	5,36 MCS 165)		165) 167)			ATN 244(3,91) 297(3,58) 165)	165) 167)
(-)Tabersonin $C_{21}H_{24}O_2N_2$		Amsonia tabernaemontana [168)]	169)	·HCl 196° 168)		·HCl -310° MTN 168)	163) 168) 170)	169)	148) 169)	ATN 230(3,85) 299(3,99) 328(4,17) 163), 168) 170)	
1-Methyl-aspidospermi-din (Alk. 296A) $C_{20}H_{28}N_2$		Aspidosperma quebracho-blanco [146)]	146) 232)	amph. 146)					146) 232)		
Deacetyl-aspido-spermin (Alk. 312A) $C_{20}H_{28}ON_2$		Aspidosperma quebracho-blanco [146)]	146) 232)	107-108° 171)	7,36 50 % ATN 171)	+7° ATN 172)	172) 215)	215)	146) 232)	ATN 216(4,50) 247(3,82) 293(3,39) 171), 173) 174)	171) 172) 174) 175) 217)

156) A. Chatterjee, C. R. Ghosal. N. Adityachaudhury und S. Ghosal, Chem. and Ind. 1961, 1034.
157) L. D. Antonaccio, N. A. Pereira, B. Gilbert, H. Vorbrueggen, H. Budzikiewicz, J. M. Wilson, L. J. Durham und C. Djerassi, J. Amer. Chem. Soc. 84, 2161 (1962).
158) H. Kny und B. Witkop, J. Org. Chem. 25, 635 (1960).
159) K. Biemann und G. Spiteller, Tetrahedron Letters 1961, 299.
160) B. Witkop, J. Amer. Chem. Soc. 79, 3193 (1957).
161) L. A. Cohen, J. W. Daly, H. Kny und B. Witkop, J. Amer. Chem. Soc. 82, 2184 (1960).
162) K. Biemann, Mass Spectrometry, McGraw-Hill, New York 1962.
163) N. Neuss, Physical Data of Indole and Dihydroindole alkaloids, Ely Lilly and Company, Indianapolis 6, Indiana U. S. A., Edn. 1954, 1956, 1960, 1961, 1962.
164) A. Guggisberg, T. R. Govindachari, K. Nagarajan und H. Schmid Helv. Chim. Acta 46, 679 (1963).
165) T. R. Govindachari, K. Nagarajan und H. Schmid, Helv. Chim. Acta 46, 433 (1963).
166) T. R. Govindachari, S. Rajappa und N. Viswanathan, J. Sci. Ind. Res. (India) 20B, 557 (1961).

Name	Strukturformel	Vorkommen	Konst.	Schm.	pKa	Dreh.	IR.	NMR.	Mass.	UV.	Synth.
Vindolinin $C_{21}H_{24}O_2N_2$		Vinca rosea [176)177)]	178)	.2HCl 214-218° (Z.) 178)	.2HCl 3,3 + 7,1 66 % DMF 177)	.2HCl -18° WS 178)	163) 178)	176) 177) 181)	148) 162) 178)	.2 HCl ATN 244(3,83) 298(3,29) 163), 176), 177)	
Minovincin $C_{21}H_{24}O_3N_2$		Vinca minor [182)]	182)	amph. 182) .HCl 192° 182)		-504° ATN 182)	182)	182)	148) 182)	ATN 230(3,99) 300(3,96) 328(4,14) 182)	
Kopsinilam $C_{21}H_{24}O_3N_2$		Hunteria eburnea [183)] Pleiocarpa flavescens [183)] Pleiocarpa mutica [183)]	167) 183)	254-255° 183)		-13° CRF 183)	163) 183)	167)	148)	ATN 246(3,89) 295(3,50) 163), 183)	183)
Aspidofilin $C_{21}H_{26}O_2N_2$		Aspidosperma pyrifolium [184)]	185)	190-191° 185)		-174° CRF 185)	163) 184)	185)	148) 185)	ATN 258(3,85) 282$_s$(3,54) 163), 184)	
Kopsinin $C_{21}H_{26}O_2N_2$		Kopsia longiflora [187)] Pleiocarpa flavescens [183)] Pleiocarpa mutica [186)]	167) 188)	104-105° 187)	7,50 70 % MTN 187)	-77° CRF 187)	163) 186) 188) 189)	188)	148) 188)	ATN 205(4,43) 246(3,83) 295(3,45) 163), 186) 187)	188)

167) T.R. Govindachari, B.R. Pai, S. Rajappa, N. Viswanathan, W.G. Kump, K. Nagarajan und H. Schmid, Helv. Chim. Acta 45, 1146 (1962).
168) M.-M. Janot, H. Pourrat und J. Le Men, Bull. Soc. Chim. France 1954, 707.
169) M. Plat, J. Le Men, M.-M. Janot, J.M. Wilson, H. Budzikiewicz, L.J. Durham, Y. Nakagawa und C. Djerassi, Tetrahedron Letters 1962, 271.
170) M.-M. Janot, J. Le Men und C. Fan, Compt. rend. hebd. Séances Acad. Sci. 248, 3005 (1959).
171) B. Witkop und J.B. Patrick, J. Amer. Chem. Soc. 76, 5603 (1954).
172) E. Schlittler und M. Rottenberg, Helv. Chim. Acta 31, 446 (1948).
173) J.R. Chalmers, H.T. Openshaw und G.F. Smith, J. Chem. Soc. 1957, 1115.
174) H.T. Openshaw und G.F. Smith, Experientia 4, 428 (1948).
175) V. Deulofeu, J. De Langhe, R. Labriola und V. Carcamo, J. Chem. Soc. 1940, 1051.
176) M.-M. Janot, J. Le Men und C. Fan, Bull. Soc. Chim. France 1959, 891.

Name	Strukturformel	Vorkommen	Konst.	Schm.	pKa	Dreh.	IR.	NMR.	Mass.	UV.	Synth.
Vinca-difformin $C_{21}H_{26}O_2N_2$		Vinca difformis 190)191) Vinca minor 188a)	190)	124-125° 190)		0° 190) 191)	190) 191)	190)	148) 190)	ATN 225(3,97) 300(4,03) 328(4,19) 190),191)	
(-)Vinca-difformin $C_{21}H_{26}O_2N_2$	vgl. Vincadifformin	Vinca minor 182)	182)			-540° ATN 182)	182)	182)	182)	ATN 228(4,00) 300(4,03) 330(4,18) 182)	
Refractidin $C_{21}H_{26}O_2N_2$		Aspidosperma refractum 192)	192)	158-160° 192)	6,5 192)	-140° CRF 192)	228)	192)	148) 192)	ATN 208(4,36) 253(4,16) 278(3,72) 288(3,67) 192),228)	
Minovincinin $C_{21}H_{26}O_3N_2$		Vinca minor 182)	182)	amph. 182)		-418° ATN 182)	182)	182)	148) 182)	ATN 225(4,02) 297(4,00) 328(4,09) 182)	182)
Vallesin $C_{21}H_{28}O_2N_2$ = N-Formyl-desacetylaspidospermin		Vallesia dichotoma 193) Vallesia glabra 172)	194)	154-156° 172)		-91° ATN 172) -92° CRF 193)	193) 228)			ATN 211(4,47) 250(3,94) 171),172) ATN 259(4,11) 193),228)	171)

177) M. Gorman, N. Neuss, G.H. Svoboda, A.J. Barnes und N.J. Cone, J. Amer. Pharm. Assoc., Sci. Edn. 48, 256 (1959).
178) C. Djerassi, S.E. Flores, H. Budzikiewicz, J.M. Wilson, L.J. Durham, J. Le Men, M.-M. Janot, M. Plat, M. Gorman und N. Neuss, Proc. Nat. Acad. Sci. Wash. 48, 113 (1962).
179) A. Chatterjee und A. Deb, Science and Culture 28, 195 (1962).
180) G.H. Svoboda, I.S. Johnson, M. Gorman und N. Neuss, J. Pharm. Sci. 51, 707 (1962).
181) G.H. Svoboda, N. Neuss und M. Gorman, J. Amer. Pharm. Assoc., Sci. Edn. 48, 659 (1959).
182) M. Plat, J. Le Men, M.-M. Janot, H. Budzikiewicz, J.M. Wilson, L.J. Durham und C. Djerassi, Bull. Soc. Chim. France 1962, 2237.
183) C. Kump und H. Schmid, Helv. Chim. Acta 45, 1090 (1962).
184) L.D. Antonaccio, J. Org. Chem. 25, 1262 (1960).
185) C. Djerassi, R.J. Owellen, J.M. Ferreira und L.D. Antonaccio, Experientia 18, 397 (1962).
186) W.G. Kump und H. Schmid, Helv. Chim. Acta 44, 1503 (1961).
187) W.D. Crow und M. Micheal, Austral. J. Chem. 8, 129 (1955).
188) W.G. Kump, D.J. Le Count, A.R. Battersby und H. Schmid, Helv. Chim. Acta 45, 854 (1962).
188a) J. Mokrý, I. Kompiš, L. Dúbravková und P. Šefčovič, Experientia 19, 311 (1963).
189) W.D. Crow und M. Michael, Austral. J. Chem. 15, 130 (1962).
190) C. Djerassi, H. Budzikiewicz, J.M. Wilson, J. Gosset, J. Le Men und M.-M. Janot, Tetrahedron Letters, 1962, 235.
191) J. Gosset, J. Le Men und M.-M. Janot, Ann. Pharm. Franc. 20, 448 (1962).
192) B. Gilbert, J.M. Ferreira, R.J. Owellen, C.E. Swanholm, H. Budzikiewicz, L.J. Durham und C. Djerassi, Tetrahedron Letters 1962, 59.
193) J.S.E. Holker, M. Cais, F.A. Hochstein und C. Djerassi, J. Org. Chem. 24, 314 (1959).
194) W.I. Taylor, N. Raab, H. Lehner und J. Schmutz, Helv. Chim. Acta 42, 2750 (1959).

Name	Strukturformel	Vorkommen	Konst.	Schm	pKa	Dreh.	IR.	NMR.	Mass.	UV.	Synth.
Spegazzinin $C_{21}H_{28}O_3N_2$		Aspidosperma chakensis [155]	195) 196)	100-112° 155)	6,0 + 13,0 60 % DMF 155)	+176° CRF 155)	155) 163)	196)	148) 195) 196)	ATN 222(4,34) 257(3,94) 285$_s$(3,42) 155), 163)	
Spegazzinidin $C_{21}H_{28}O_4N_2$		Aspidosperma chakensis [195)196)	195) 196)	237-238° 196)	2,9 + 6,4 + 10,7 33 % DMF 196)	+186° CRF 196)	163) 195) 196)	195) 196)	148) 195) 196)	ATN 225(4,30) 260(3,89) 295$_s$ 163), 195) 196)	
Deacetyl-pyrifolidin (Alk. 342A) $C_{21}H_{30}O_2N_2$		Aspidosperma pyrifolium [228] Aspidosperma quebracho-blanco [232]	228) 232)	150-152° 228)		+9° CRF 228)	228)		232)	ATN ~212(4,53) 292(3,49) 228)	
$\underline{N}_{(a)}$-Methyl-deacetyl-aspidospermin (Alk. 326A) $C_{21}H_{30}ON_2$		Aspidosperma quebracho-blanco [146]	146) 232)	amph. 146)					146) 232)	ATN 220(4,42) 266(3,87) 305(3,40) 171), 197)	171)
Aspidofractin $C_{22}H_{26}O_3N_2$		Aspidosperma refractum [198]	198)	193-194° 198)		-142° CRF 198)	228)		148) 198)	ATN 253(4,08) ~280(3,62) 289(3,65) 228)	

195) C. Djerassi, H.W. Brewer, H. Budzikiewicz, O.O. Orazi und R.A. Corral, Experientia 18, 113 (1962).
196) C. Djerassi, H.W. Brewer, H. Budzikiewicz, O.O. Orazi und R.A. Corral, J. Amer. Chem. Soc. 84, 3480 (1962).
197) A.J. Everett, H.T. Openshaw und G.F. Smith, J. Chem. Soc. 1957, 1120.
198) C. Djerassi, T. George, N. Finch, H.F. Lodish, H. Budzikiewicz und B. Gilbert, J. Amer. Chem. Soc. 84, 1499 (1962).
199) A. Bhattacharya, Science and Culture 18, 293 (1952).
200) A. Bhattacharya, A. Chatterjee und P.K. Bose, J. Amer. Chem. Soc. 71, 3370 (1949).

Name	Strukturformel	Vorkommen	Konst.	Schm.	pKa	Dreh.	IR.	NMR.	Mass.	UV.	Synth.
Kopsin $C_{22}H_{24}O_4N_2$		Kopsia albiflora 199) Kopsia fruticosa (=K. pruniformis) 200)166) 206) Kopsia longiflora 189)	165) 167) 179) 202) 203) 205)	217-218° (Z.) 200)	4,45 MCS 205)	+16° ATN 200) -18° CRF 204)	166) 167) 204) 205) 228)	167) 204) 205)	148) 201) 203)	ATN 240(4,08) 278(3,37) 285-6(3,35) 166), 200) 204), 205), 228)	
Pleiocarpinilam $C_{22}H_{26}O_3N_2$		Hunteria eburnea 183) Pleiocarpa flavescens 183) Pleiocarpa mutica 183)	167) 183)	249-250° 183)		-53° CRF 183)	183) 228)	167)	148)	ATN 253(4,01) 300(3,49) 183), 228)	183)
16-Methoxy-minovincin $C_{22}H_{26}O_4N_2$		Vinca minor 182)	182)			-414° ATN 182)	182)	182)	182)	ATN 230(4,05) 250(4,03) 325(4,14) 182)	
Pleiocarpinin (Pleiocinin) 228) $C_{22}H_{28}O_2N_2$		Hunteria eburnea 183)228) Pleiocarpa flavescens 183) Pleiocarpa mutica 186)	167) 188)	135-136° 186)	6,94 MCS 186)	-124° CRF 186)	186) 188) 228)	188)	148)	ATN 206(4,42) 254(3,97) 300(3,52) 186), 228)	
Minovin ($N_{(a)}$-Methyl-vincadifformin) $C_{22}H_{28}O_2N_2$		Vinca minor 207)	182) 188a)	79-81° 207)		0° ATN 207)	207)	188a)	188a)	ATN 310(3,95) 338(4,17) 207)	188a)

201) G. Spiteller, A. Chatterjee, A. Bhattacharya und A. Deb, Naturwissenschaften 49, 279 (1962).
202) G. Spiteller, Monatshefte Chem. 93, 324 (1962).
203) G. Spiteller, A. Chatterjee, A. Bhattacharya und A. Deb, Monatshefte Chem. 93, 1220 (1962).
204) A. R. Battersby und H. Gregory, J. Chem. Soc. 1963, 22.
205) T. R. Govindachari, B. R. Fai, S. Rajappa, N. Viswanathan, W. G. Kump, K. Nagarajan und H. Schmid, Helv. Chim. Acta 46, 572 (1963).
206) A. Chatterjee und A. Deb, Science and Culture 28, 195 (1962).
207) J. Mokrý, L. Dúbravková und P. Šefčovič, Experientia 18, 564 (1962).
208) B. Gilbert, J. A. Brissolese, J. M. Wilson, H. Budzikiewicz, L. J. Durham und C. Djerassi, Chem. and Ind. 1962, 1949.
209) J. F. D. Mills und S. C. Nyburg, Tetrahedron Letters 11, 1 (1959).
210) J. F. D. Mills und S. C. Nyburg, J. Chem. Soc. 1960, 1458.
211) G. F. Smith und J. T. Wróbel, J. Chem. Soc. 1960, 1463.

Name	Strukturformel	Vorkommen	Konst.	Schm.	pKa	Dreh.	IR.	NMR.	Mass.	UV.	Synth.
Aspidolimidin $C_{22}H_{28}O_4N_2$		Aspidosperma limae 208)	208)	196-199° 208)		+239° CRF 208)	208)	208)	148) 208)	analog dem Aspidolimin, Aspidocarpin 208)	
Demethoxy-palosin $C_{22}H_{30}ON_2$		Aspidosperma limae 208)	208)	117-120° 208)		-20° CRF 208)	208)	208)	148) 208)	ATN 253(4,15) 280(3,64) 289(3,59) 208)	
Aspidospermin $C_{22}H_{30}O_2N_2$		Aspidosperma peroba 239) A. polyneuron 153)157) 220)221)222) A. pyricollum 222) A. quebracho-blanco 146)151)214) A. quirandy 224) A. sessiliflorum 222) Vallesia dichotoma 193)175) V. glabra 175)225)	147) 202) 209) 210) 211) 212) 213)	208° 214)	7,30 50 % ATN 171)	-99° ATN 214) -93° CRF 214)	153) 215) 216) 228)	213) 215) 217) 241)	146) 148) 162) 232)	MTN 218(4,52) 255(4,04) 280-290 (3,53-3,40) 153), 173) 197), 216) 218), 228)	214) 147)(B) 219)(B)
Limaspermin $C_{22}H_{30}O_3N_2$		Aspidosperma limae 226)	226)	175-176° 226)		+108° CRF 226)	226)	226)	148) 226)	ATN 221(4,40) 261(3,92) 292(3,55) 226)	
Aspidocarpin $C_{22}H_{30}O_3N_2$		Aspidosperma limae 223) Aspidosperma megalocarpon 227)	223) 227)	169-170° 227)	6,55 227)	+140° CRF 227)	227) 228)	227)		ATN 228(4,42) 264(3,92) 227), 228)	

212) H. Conroy, P. R. Brook und Y. Amiel, Tetrahedron Letters 11, 4 (1959).
213) H. Conroy, P. R. Brook, M. K. Rout und N. Silverman, J. Amer. Chem. Soc. 79, 1763 (1957).
214) A. J. Ewins, J. Chem. Soc. 105, 2738 (1914).
215) H. Conroy, P. R. Brook, M. K. Rout und N. Silverman, J. Amer. Chem. Soc. 80, 5178 (1958).
216) Raymond-Hamet, Compt. rend. hebd. Séances Acad. Sci. 245, 2374 (1957).
217) C. Djerassi, A. A. P. G. Archer, T. George, B. Gilbert, J. N. Shoolery und L. F. Johnson, Experientia 16, 532 (1960).
218) B. Witkop, J. Amer. Chem. Soc. 70, 3712 (1948).
219) R. Robinson, Tetrahedron Letters 18, 14 (1959).

Name	Strukturformel	Vorkommen	Konst.	Schm.	pKa	Dreh.	IR.	NMR.	Mass.	UV.	Synth.
Refractin $C_{23}H_{28}O_4N_2$		Aspidosperma refractum [229]	198)	158-159° 229)		−24° CRF 229)	228) 229)	198)	148) 198)	ATN 216(4,43) 260(4,12) 286-289 (3,44-3,45) 228), 229)	
Pleiocarpin (Pleiocin) [228] $C_{23}H_{28}O_4N_2$		Hunteria eburnea [183)228] Pleiocarpa flavescens [183] Pleiocarpa mutica [186)230]	167) 188)	141-142° 186)	6,19 MCS 186)	−145° CRF 186)	186) 188) 228) 230)	167) 188)	148) 188)	ATN 207(4,49) 246(4,20) 283(3,51) 290(3,48) 186), 228) 230)	
Pyrifolin $C_{23}H_{30}O_3N_2$		Aspidosperma pyrifolium [229)231]	192)	142-144° 229)	6,40 66 % DMF 229)	+102° CRF 229)	228) 229)	192)	148) 192)	ATN 217(4,41) 261(4,04) 286-288$_s$ (3,63) 228), 229)	
Cylindro-carpidin $C_{23}H_{30}O_4N_2$		Aspidosperma cylindrocarpon [217)231]	217) 231)	118-119° 217)		−122° CRF 217)	228) 231)	217)		ATN 218(4,58) 255(4,09) 286-290$_s$ (3,61-3,55) 217), 228) 231)	
Palosin $C_{23}H_{32}O_2N_2$		Aspidosperma polyneuron [153]	194)	149-152° 153)		−86° CRF 153)	153)			ATN 220(4,51) 258(4,04) 280-295$_s$ (3,54-3,36) 153)	194)

220) O.O. Orazi, An. Asoc. Quim. Arg. 34, 158 (1946).
221) M.A. Ondetti und V. Deulofeu, Tetrahedron 15, 160 (1961).
222) T. Peckolt, Ber. dtsch. Pharm. Ges. 19, 529 (1909).
223) M. Pinar und H. Schmid, Helv. Chim. Acta 45, 1283 (1962).
224) L. Floriani, Rev. centro estud. farm. bioquím. 25, 373, 423 (1935); Chem. Abstr. 30, 1415 (1936).
225) M. Hartmann und E. Schlittler, Helv. Chim. Acta 22, 547 (1939).
226) M. Pinar, W. v. Philipsborn, W. Vetter und H. Schmid, Helv. Chim. Acta 45, 2260 (1962).
227) S. McLean, K. Palmer und L. Marion, Canad. J. Chem. 38, 1547 (1960).
228) N. Neuss, Physical Data of Indole and Dihydroindole alkaloids, Ely Lilly and Company, Indianapolis 6, Indiana, U.S.A., Edn. 1954, 1956, 1960, 1961, 1962.

Name	Strukturformel	Vorkommen	Konst.	Schm.	pKa	Dreh.	IR.	NMR.	Mass.	UV.	Synth.
Pyrifolidin $C_{23}H_{32}O_3N_2$		Aspidosperma pyrifolium 229)231)	231) 241)	148-150° 231)	6,85 66 % DMF 229)	+90° CRF 229)	228) 229) 231)	241)	146) 162) 241)	ATN 223(4,55) 252(3,99) 286(3,37) 228), 229) 231)	
(-)Pyrifolidin (Alk. 384A) $C_{23}H_{32}O_3N_2$	vgl. Pyrifolidin	Aspidosperma quebracho-blanco 146)	146) 232)	148-150° 146)		-93° CRF 146)	227)		146) 232)	ATN 224(4,60) 252(4,07) 288(3,44) 227), 232)	227)
Aspidolimin $C_{23}H_{32}O_3N_2$		Aspidosperma limae 223) Aspidosperma triternatum 208)	223)	150-151° 223)		+133° CRF 223)	223) 228)	223) 226)		ATN 228(4,43) 264(3,94) 223), 228)	
16-Methoxy-limaspermin $C_{23}H_{32}O_4N_2$		Aspidosperma limae 226)	226)	174-175° 226)		+118° CRF 226)					
Aspidoalbin $C_{24}H_{32}O_5N_2$		Aspidosperma album 154)	154)	170-172° 154)		+159° MTN 154) +148° CRF 154)	154)	154)	148) 154)	ATN 227(4,16) 267(3,88) 154)	
Vindolin $C_{25}H_{32}O_6N_2$		Vinca rosea 181)233)234)	235)	154-155° 177)	5,5 66 % DMF 177)	+42° CRF 177)	177) 181) 228) 233)	180) 235)	148) 162) 235)	ATN 212(4,52) 251(3,85) 304(3,71) 177), 228) 233)	

229) B. Gilbert, L.D. Antonaccio, A.A.P.G. Archer und C. Djerassi, Experientia 16, 61 (1960).
230) A.R. Battersby und D.J. Le Count, J. Chem. Soc. 1962, 3245.
231) C. Djerassi, A.A.P.G. Archer, T. George, B. Gilbert und L.D. Antonaccio, Tetrahedron 16, 212 (1961).
232) K. Biemann, M. Spiteller-Friedmann und G. Spiteller, J. Amer. Chem. Soc. 85, 631 (1963).
233) V.N. Kamat, J. DeSa, A. Vaz, F. Fernandes und S.S. Bhatnagar, Ind. J. Med. Res. 46, 588 (1958).
234) B.K. Moza und J. Trojánek, Chem. and Ind. 1962, 1425.
235) M. Gorman, N. Neuss und K. Biemann, J. Amer. Chem. Soc. 84, 1058 (1962).
236) N. Neuss, M. Gorman, H.E. Boaz und N.J. Cone, J. Amer. Chem. Soc. 84, 1509 (1962).
237) T.R. Govindachari, K. Nagarajan und H. Schmid, Helv. Chim. Acta 46, 433 (1963).
238) G.H. Svoboda, M. Gorman, A.J. Barnes und A.T. Oliver, J. Pharm. Sci. 51, 518 (1962).

Name	Strukturformel	Vorkommen	Konst.	Schm.	pKa	Dreh.	IR.	NMR.	Mass.	UV.	Synth.
Cylindro-carpin $C_{30}H_{34}O_4N_2$		Aspidosperma cylindrocarpon 229)231)	217) 231)	168-169° 229)	5,9 66 % DMF 229)	-181° CRF 229)	228) 229) 231)	217) 231)		ATN 216(4,53) 248(4,05) 285(4,32) 228), 229) 231)	
Leurocristin (Vincristin) 228) $C_{46}H_{54}O_{10}N_4$		Vinca rosea 180)	236)	218-220° (Z.) 180)	5,0 + 7,4 33 % DMF 180)	+17° ATC 180)	180) 228)	236)		SO_4^{--} ATN 220(4,65) 255(4,21) 296(4,19) 180), 228)	
Vinblastin (Vincaleuko-blastin) 238) $C_{46}H_{58}O_9N_4$		Vinca rosea 181)240)	236)	211-216° (Z.) 180)	5,4 + 7,4 WS 180)	+42° CRF 180)	180) 181) 228)	180) 236)		ATN 214(4,73) 259(4,21) 288(4,15)s 296(4,12)s 181), 228) 240)	

239) N.G. Bisset, Ann. Bogoriensis 3, 105 (1958).
240) N. Neuss, M. Gorman, G.H. Svoboda, G. Maciak und C.T. Beer, J. Amer. Chem. Soc. 81, 4754 (1959).
241) C. Djerassi, B. Gilbert, J.N. Shoolery, L.F. Johnson und K. Biemann, Experientia 17, 162 (1961).

VIII

Alkaloide vom Aspidospermatin-Typ

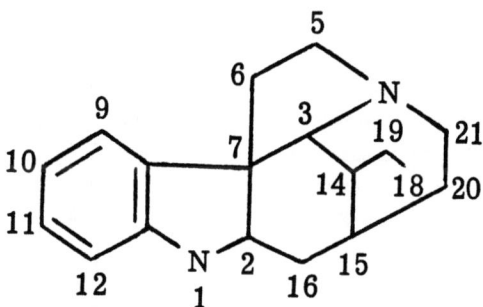

Alkaloide vom Aspidospermatin-Typ

Name	Strukturformel	Vorkommen	Konst.	Schm.	pKa	Dreh.	IR.	NMR.	Mass.	UV.	Synth.
Aspidospermatidin (Alk. 266 B) $C_{18}H_{22}N_2$		Aspidosperma quebracho-blanco 242)243)	242) 243) 247b)	184-186° 242)					242) 243) 247b)	ATN 242(3,86) 296(3,49) 243), 247b)	242) 243)
$\underline{N}_{(a)}$-Methyl-aspidospermatidin (Alk. 280 B) $C_{19}H_{24}N_2$		Aspidosperma quebracho-blanco 243)	243) 247b)	amph. 243)					243) 247b)		
Deacetyl-aspidospermatin (Alk. 296 B) $C_{19}H_{24}ON_2$		Aspidosperma quebracho-blanco 243)	243) 247b)	amph. 243)					243) 247b)		243)
Condylocarpin $C_{20}H_{22}O_2N_2$ abs. K.		Diplorrhynchus condylocarpon ssp. mossambicensis 244)	242) 245) 247c)	159-162° 244)		+900° CRF 244) +870° ATN 244)	228) 244)	245)	242) 245)	MTN 228(4,04) 295(4,01) 328(4,17) 228), 242) 244)	245) 242)(B)
$\underline{N}_{(a)}$-Acetyl-aspidospermatidin (Alk. 308 B) $C_{20}H_{24}ON_2$		Aspidosperma quebracho-blanco 243)	243) 247b)	amph. 243)					243) 247b)		
Aspidospermatin (Alk. 338 B) $C_{21}H_{20}O_2N_2$		Aspidosperma peroba 247a) Aspidosperma quebracho-blanco 243)246)	243) 247) 247b)	162° 246) 157-159° 243)		-73° ATN 243) 246)			243) 247b)	ATN 219(4,54) 255(4,10) 290$_s$(3,62) 243), 247b)	247)(B)

242) K. Biemann, A. L. Burlingame und D. Stauffacher, Tetrahedron Letters 1962, 527.
243) K. Biemann, M. Friedmann-Spiteller und G. Spiteller, Tetrahedron Letters 1961, 485.
244) D. Stauffacher, Helv. Chim. Acta 44, 2006 (1961).
245) A. Sandoval, F. Walls, J. N. Shoolery, J. M. Wilson, H. Budzikiewicz und C. Djerassi, Tetrahedron Letters 1962, 409.
246) O. Hesse, Liebigs Ann. Chem. 211, 249 (1882).
247) H. K. Schnoes, A. L. Burlingame und K. Biemann, Tetrahedron Letters 1962, 993.

Name	Strukturformel	Vorkommen	Konst.	Schm.	pKa	Dreh.	IR.	NMR.	Mass.	UV.	Synth.
14,19-Dihydro-aspidospermatin (Alk. 340 B) $C_{21}H_{28}O_2N_2$		Aspidosperma quebracho-blanco [243]	243) 247b)	amph. 243)					243) 247b)		243)

Stemmadenin: vgl. Kapitel XX.

247a) N.G. Bisset, Ann. Bogoriensis 3, 105 (1958).
247b) K. Biemann, M. Spiteller-Friedmann und G. Spiteller, J. Amer. Chem. Soc. 85, 631 (1963).
247c) W.G. Kump, D. Schumann und H. Schmid, Helv. Chim. Acta 46, im Druck (1963).

IX

Strychnos - Alkaloide

Die angegebenen Konfigurationen sind absolut.

Strychnos-Alkaloide

Name	Strukturformel	Vorkommen	Konst.	Schm.	pKa	Dreh.	IR.	NMR.	Mass.	UV.	Synth.
Wieland-Gumlich-Aldehyd (Caracurin VII) [248] $C_{19}H_{22}O_2N_2$		Strychnos subcordata [250] Strychnos toxifera [249]	248) 251) 252) 253)	213-214° (Z.) 248)		−135° MTN 248)	248) 254) 261)		255)	.HCl WS ~240(3,8) ~295(3,4) 249), 261)	252), 253), 258), 259), 260) 261) 256)(B), 257)(B)
$N_{(b)}$-Wieland-Gumlich-Aldehyd-chlormethylat (Alk. A8) [264] (Hemitoxiferin I) [264] $C_{20}H_{25}O_2N_2Cl$	vgl. Wieland-Gumlich-Aldehyd	Strychnos toxifera [262]	262) 263)	>300° 262)		−41° WS 262)				WS 241(3,74) 293(3,33) 262)	263)
Diabolin $C_{21}H_{24}O_3N_2$	$N_{(a)}$-Acetyl-Wieland-Gumlich-Aldehyd	Strychnos diaboli [265] Strychnos KL 1929 [266]	251) 260)	187-189° 261)		+38° CRF 251)	261) 267) 268)			ATN 249(4,06) 279_s(3,30) 287_s(3,23) 261), 268)	251)
Geisso-schizolin (Pereirin) [276] $C_{19}H_{26}ON_2$		Geissospermum vellosii [269][270][271]	272) 273) 309)	143° 309) 105-108° 268)	8,30 80 % ATN 309)	+32° ATN 274)	268) 275) 276)			ATN 245(3,93) 300(3,47) 268), 274) 275), 309)	273) 274) 275) 276) 279)
Akuammicin $C_{20}H_{22}O_2N_2$		Picralima nitida (klaineana) [277]	278) 279) 280) 281) 283)	186° 281)	7,45 278)	−735° ATN 281)	268) 281) 284)	285)	255) 291)	ATN 227(4,09) 300(4,07) 330(4,24) 268), 281) 286), 287) 312)	315)

248) K. Bernauer, S.K. Pavanaram, W. v. Philipsborn, H. Schmid und P. Karrer, Helv. Chim. Acta 41, 1405 (1958).
249) H. Asmis, H. Schmid und P. Karrer, Helv. Chim. Acta 37, 1983 (1954).
250) A. Penna, M.A. Jorio, S. Chiavarelli und G.B. Marini-Bettòlo, Gazz. Chim. Ital. 87, 1163 (1957).
251) J.A. Deyrup, H. Schmid und P. Karrer, Helv. Chim. Acta 45, 2266 (1962).
252) H. Wieland und K. Kaziro, Liebigs Ann. Chem. 506, 60 (1933).
253) H. Wieland und W. Gumlich, Liebigs Ann. Chem. 494, 191 (1932).
254) F.A.L. Anet und R. Robinson, J. Chem. Soc. 1955, 2253.
255) K. Biemann, Mass Spectrometry, Mc Graw-Hill New York, 1962.

256) R.B. Woodward, Angew. Chem. 68, 13 (1956).
257) J.B. Hendrickson und R.A. Silva, J. Amer. Chem. Soc. 84, 643 (1962).
258) R. Robinson und J.E. Saxton, J. Chem. Soc. 1952, 982.
259) H. Asmis, E. Bächli, H. Schmid und P. Karrer, Helv. Chim. Acta 37, 1993 (1954).
260) A.R. Battersby und H.F. Hodson, Proc. Chem. Soc. 1959, 126.
261) F.E. Bader, E. Schlittler und H. Schwarz, Helv. Chim. Acta 36, 1256 (1953).
262) A.R. Battersby, R. Binks, H.F. Hodson und D.A. Yeowell, J. Chem. Soc. 1960, 1848.

Name	Strukturformel	Vorkommen	Konst.	Schm.	pKa	Dreh.	IR.	NMR.	Mass.	UV.	Synth.
Pseudo-akuammicin $C_{20}H_{22}O_2N_2$	racemisches Akuammicin	Picralima nitida (klaineana) 277)	288)	188° 277)		0° 288)					
Akuammicin-methochlorid $C_{21}H_{25}O_2N_2Cl$	$N_{(b)}$-Methyl-akuammicinchlorid	Hunteria eburnea 292)	292)	>260° (Z.) 283)		-567° MTN-WS 282)					283)
Mossambin (Diplorrhyn-cin) 291) $C_{20}H_{22}O_3N_2$	14-Hydroxy-akuammicin	Diplorrhynchus condylocarpon ssp. mossambi-censis 289)	291)	238-242° 289)		-498° CRF 289) 291)	268) 289) 291)	291)		MTN 228(4,13) 296(4,06) 329(4,21) 268), 289) 291)	
C-Fluoro-curarin (C-Curarin III) 286) $C_{20}H_{23}ON_2^+$	*)	Cl⁻ 270-274° (Z.) 295) Pikr. 189° 296)	286) 290) 294)			-937° WS 295)	293)			Cl⁻ ATN 242(4,1) 299(3,65) 361(4,25) 286), 293) 297), 300)	289), 290), 293), 298), 299), 300) 257)(B) 301)(B)

*) C-Fluorocurarin-Vorkommen: Calebassen-Curare 295)297)308), Strychnos divaricans 302), S. mitscherlichii (smilacina) 303), S. rubiginosa 304), S. solimoesana 305), S. subcordata 250), S. tomentosa 304) 306), S. trinervis 307).

263) A. R. Battersby und H. F. Hodson, J. Chem. Soc. 1960, 736.
264) A. R. Battersby und H. F. Hodson, Proc. Chem. Soc. 1958, 287.
265) H. King, J. Chem. Soc. 1949, 955.
266) C. G. Casinovi, G. B. Marini-Bettòlo und N. G. Bisset, Nature 193, 1178 (1962).
267) B. Witkop und J. B. Patrick, J. Amer. Chem. Soc. 76, 5603 (1954).
268) N. Neuss, Physical Data of Indole and Dihydroindole alkaloids, Ely Lilly and Company, Indianapolis 6, Indiana, U.S.A., Edn. 1954, 1956, 1960, 1961, 1962.
269) O. Hesse, Liebigs Ann. Chem. 202, 141 (1880).
270) A. Bertho und F. Moog, Liebigs Ann. Chem. 509, 241 (1934).
271) A. Bertho und G. v. Schuckmann, Ber. dtsch. chem. Ges. 64, 2278 (1931).
272) M.-M. Janot, Tetrahedron 14, 113 (1961).
273) M.-M. Janot, J. Le Men, A. Le Hir, J. Lévy und F. Puisieux, Compt. rend. hebd. Séances Acad. Sci. 250, 4383 (1960).
274) H. Rapoport, T. P. Onak, N. A. Hughes und M. G. Reinecke, J. Amer. Chem. Soc. 80, 1601 (1958).
275) A. Bertho, M. Koll und M. I. Ferosie, Chem. Ber. 91, 2581 (1958).
276) A. Bertho und M. Koll, Naturwissenschaften 48, 49 (1961).
277) T. A. Henry, J. Chem. Soc. 1932, 2759.
278) K. Aghoramurthy und R. Robinson, Tetrahedron 1, 172 (1957).
279) P. N. Edwards und G. F. Smith, J. Chem. Soc. 1961, 152.
280) P. N. Edwards und G. F. Smith, J. Chem. Soc. 1961, 1458.
281) J. Lévy, J. Le Men und M.-M. Janot, Bull. Soc. Chim. France 1960, 979.
282) M. F. Bartlett, B. Korzun, R. Sklar, A. F. Smith und W. I. Taylor, J. Org. Chem. 28, 1445 (1963).
283) K. Bernauer, W. Arnold, C. Weissmann, H. Schmid und P. Karrer, Helv. Chim. Acta 43, 717 (1960).
284) M. F. Millson, R. Robinson und A. F. Thomas, Experientia 9, 89 (1953).
285) C. Djerassi, H. Budzikiewicz, J. M. Wilson, J. Gosset, J. Le Men und M.-M. Janot, Tetrahedron Letters 1962, 235.
286) W. v. Philipsborn, H. Meyer, H. Schmid und P. Karrer, Helv. Chim. Acta 41, 1257 (1958).
287) Raymond-Hamet, Compt. rend. hebd. Séances Acad. Sci. 233, 560 (1951).
288) P. N. Edwards und G. F. Smith, Proc. Chem. Soc. 1960, 215.
289) D. Stauffacher, Helv. Chim. Acta 44, 2006 (1961).
290) H. Fritz, E. Besch und Th. Wieland, Angew. Chem. 71, 126 (1959).
291) X. Monseur, R. Goutarel, J. Le Men, J. M. Wilson, H. Budzikiewicz und C. Djerassi, Bull. Soc. Chim. France 1962, 1088.
292) J. D. M. Asher, J. M. Robertson, G. A. Sim, M. F. Bartlett, R. Sklar und W. I. Taylor, Proc. Chem. Soc. 1962, 72.
293) H. Fritz und Th. Wieland, Liebigs Ann. Chem. 611, 277 (1958).
294) W. v. Philipsborn, K. Bernauer, H. Schmid und P. Karrer, Helv. Chim. Acta 42, 461 (1959).
295) H. Wieland, H. J. Pistor und K. Bähr, Liebigs Ann. Chem. 547, 140 (1941).
296) J. Kebrle, H. Schmid, P. Waser und P. Karrer, Helv. Chim. Acta 36, 102 (1953).
297) A. Zürcher, O. Ceder und V. Boekelheide, J. Amer. Chem. Soc. 81, 1500 (1959).
298) H. Fritz, E. Besch und Th. Wieland, Liebigs Ann. Chem. 663, 150 (1963).
299) V. Boekelheide, O. Ceder, M. Natsume und A. Zürcher, J. Amer. Chem. Soc. 81, 2256 (1959).
300) H. Fritz und H. Meyer, Liebigs Ann. Chem. 617, 162 (1958).
301) E. E. v. Tamelen, Chem. and Eng. News 38, 42 (1960).
302) G. B. Marini-Bettòlo, M. A. Jorio, A. Pimenta, A. Ducke und D. Bovet, Gazz. Chim. Ital. 84, 1161 (1954).
303) J. Kebrle, H. Schmid, P. Waser und P. Karrer, Helv. Chim. Acta 36, 345 (1953).
304) A. Pimenta, M. A. Jorio, K. Adank und G. B. Marini-Bettòlo, Gazz. Chim. Ital. 84, 1147 (1954).
305) G. B. Marini-Bettòlo, P. de Berredo Carneiro und G. C. Casinovi, Gazz. Chim. Ital. 86, 1148 (1956).
306) G. B. Marini-Bettòlo, M. Lederer, M. A. Jorio und A. Pimenta, Gazz. Chim. Ital. 84, 1155 (1954).
307) K. Adank, D. Bovet, A. Ducke und G. B. Marini-Bettòlo, Gazz. Chim. Ital. 83, 966 (1953)!
308) H. Schmid, J. Kebrle und P. Karrer, Helv. Chim. Acta 35, 1864 (1952).
309) A. Bertho und M. Koll, Chem. Ber. 94, 2737 (1961).
310) J. A. Goodson, J. Chem. Soc. 1932, 2626.
311) C. Djerassi, Y. Nakagawa, H. Budzikiewicz, J. M. Wilson, J. Le Men, J. Poisson und M.-M. Janot, Tetrahedron Letters 1962, 653.

Name	Strukturformel	Vorkommen	Konst.	Schm.	pKa	Dreh.	IR.	NMR.	Mass.	UV.	Synth.
Norfluoro-curarin $C_{19}H_{20}ON_2$	$N_{(b)}$-Demethyl-C-fluorocurarin	Diplorrhynchus condylocarpon ssp. mossambicensis 289)	289)	184-186° (Z.) 289)		-1230° CRF 289)	268) 289)			MTN 242(3,98) 299(3,57) 290$_s$(3,51) 360(4,25) 268), 289)	298)
Echitamidin $C_{20}H_{24}O_3N_2$		Alstonia congensis 310) Alstonia scholaris 310)	311) 312)	135° 310) 244° (Z.) 310)		-515° ATN 312)	313)	311)	311)	ATN 235(~4,2) 296(~4,1) 331(~4,1) 287), 312)	
Lochneridin $C_{20}H_{24}O_3N_2$		Vinca rosea 314)	315)	211-214° (Z.) 314)	5,5 66 % DMF 314)	+608° CRF 316)	268) 314)	315)	315)	ATN 230(4,04) 293(3,94) 328(4,07) 268), 314) 316)	
Spermo-strychnin $C_{21}H_{26}O_2N_2$		Strychnos psilosperma 317)	317) 318)	208-209° 317)		+88° CRF 317)	318)		319)	ATN 252(4,33) 281(3,67) 318), 320)	321)(B) 318)(B)
Strychno-spermin $C_{22}H_{28}O_3N_2$		Strychnos psilosperma 317)322)	317) 318)	208-209° 317)		+60° CRF 317)	318) 330)	313a)		ATN 220(4,48) 252(3,93) 294(3,66) 318), 320) 330)	317)(B) 321)(B)
Desacetyl-strychno-spermin $C_{20}H_{26}O_2N_2$	vgl. Strychnospermin	Strychnos psilosperma 317)	317)	221-222° 318)		-117° CRF 318)	318)			ATN 248(3,57) 301(3,55) 318), 320) 323)	317)
Strychnin $C_{21}H_{22}O_2N_2$		*)	324) 325) 326) 327) 328)	278-280° 329)	8,26 374)	-125° ATN 329) -145° CRF 329)	330) 331) 336)	332)	319)	ATN 254(4,10) 278(3,63) 288(3,53) 318), 330) 333), 334)	329) 331) 335) 336) 301)(B) 321)(B) 337)(B) 338)(B) 339)(B) 340)(B) 341)(B)

*) Strychnin-Vorkommen: Strychnos cinnamomifolia 342), S. colubrina 343), S. gaultheriana (S. malaccensis) 344), S. icaja 345), S. ignatii 343), S. kipapa 346), S. ligustrina 347), S. lucida 317)348), S. nux-vomica 343), S. psilosperma 317), S. quaqua 349), S. rheedii 343), S. tieuté 343).

312) A. Chatterjee und S. Ghosal, Naturwissenschaften 48, 219 (1961).
313) M.-M. Janot, H. Pourrat und J. Le Men, Bull. Soc. Chim. France 1954, 707.

Name	Strukturformel	Vorkommen	Konst.	Schm.	pKa	Dreh.	IR.	NMR.	Mass.	UV.	Synth.
α-Colubrin $C_{22}H_{24}O_3N_2$	11-Methoxy-strychnin	Strychnos nux-vomica 350)	326)	184° 350)		-77° 80 % ATN 350)				ATN 255(4,03) ~288(3,75) 297(3,77) 318), 352)	
β-Colubrin $C_{22}H_{24}O_3N_2$	10-Methoxy-strychnin	Strychnos nux-vomica 350)	326)	222° 350)		-108° 80 % ATN 350) -156° CRF 351)				ATN 262(4,40) 297(3,80) 352)	351) 351)(B)
Brucin $C_{23}H_{26}O_4N_2$	10,11-Dimethoxy-strychnin	*)	326) 353)	178° 317)	7,45 354)	-85° ATN 375) -127° CRF 375)	330)			ATN 263(4,09) 301(3,93) 330), 353) 355)	
Pseudo-strychnin $C_{21}H_{22}O_3N_2$		Strychnos gaultheriana (S. malaccensis) 344) Strychnos nux-vomica 350)	344) 356) 357)	236° 344) oder 263° 344)		-82° CRF 344) -44° ATN 350)	344) 356)				377)
Pseudo-brucin $C_{23}H_{26}O_5N_2$	10,11-Dimethoxy-pseudo-strychnin	Strychnos gaultheriana (S. malaccensis) 344)	344) 357)	256° 344)		-70° CRF 344)					373) 377)

*) Brucin-Vorkommen: Strychnos aculeata (?) 376), S. cinnamomifolia 342), S. colubrina 343), S. ignatii 343), S. icaja 345), S. lanceolaris 343), S. ligustrina 347), S. lucida 317)348), S. kipapa 346), S. malaccensis (S. gaultheriana) 343)344), S. nux-vomica 343), S. quaqua 349), S. rheedii 343), S. tieuté 343).

313a) F. A. L. Anet, Canad. J. Chem. 41, 883 (1963).
314) G. H. Svoboda, M. Gorman, N. Neuss und A. J. Barnes, J. Amer. Pharm. Assoc., Sci. Edn. 50, 408 (1961).
315) Y. Nakagawa, J. M. Wilson, H. Budzikiewicz und C. Djerassi, Chem. and Ind. 1962, 1986.
316) G. H. Svoboda, I. S. Johnson, M. Gorman und N. Neuss, J. Pharm. Sci. 51, 707 (1962).
317) F. A. L. Anet, G. K. Hughes und E. Ritchie, Austral. J. Chem. 6, 58 (1953).
318) F. A. L. Anet und R. Robinson, J. Chem. Soc. 1955, 2253.
319) K. Biemann, Mass Spectrometry McGraw-Hill, New York, 1962.
320) B. Witkop und J. B. Patrick, J. Amer. Chem. Soc. 76, 5603 (1954).
321) J. B. Hendrickson und R. A. Silva, J. Amer. Chem. Soc. 84, 643 (1962).
322) F. A. L. Anet, G. K. Hughes und E. Ritchie, Nature 166, 476 (1950).
323) M. Plat, J. Le Men, M.-M. Janot, H. Budzikiewicz, J. M. Wilson, L. J. Durham und C. Djerassi, Bull. Soc. Chim. France 1962, 2237.
324) R. Robinson, Experientia 2, 28 (1946).
325) A. F. Peerdeman, Acta crystallographica 9, 824 (1956).
326) S. P. Findlay, J. Amer. Chem. Soc. 73, 3008 (1951).

327) J. H. Robertson und C. A. Beevers, Nature 165, 690 (1950).
328) V. Prelog, M. Kocór und W. I. Taylor, Helv. Chim. Acta 32, 1052 (1949).
329) V. Prelog, J. Battegay und W. I. Taylor, Helv. Chim. Acta 31, 2244 (1948).
330) N. Neuss, Physical Data of Indole and Dihydroindole alkaloids, Ely Lilly and Company, Indianapolis 6, Indiana, U. S. A., Edn. 1954, 1956, 1960, 1961, 1962.
331) R. B. Woodward, M. P. Cava, W. D. Ollis, A. Hunger, H. U. Daeniker und K. Schenker, J. Amer. Chem. Soc. 76, 4749 (1954).
332) W. Arnold, M. Hesse, H. Hiltebrand, A. Melera, W. v. Philipsborn, H. Schmid und P. Karrer, Helv. Chim. Acta 44, 620 (1961).
333) R. Huisgen, H. Eder, L. Blazejewicz und E. Mergenthaler, Liebigs Ann. Chem. 573, 121 (1951).
334) V. Prelog und S. Szpilfogel, Helv. Chim. Acta 28, 1669 (1945).
335) R. B. Woodward, Experientia Supl. II 11, 213 (1955).
336) R. B. Woodward, M. P. Cava, W. D. Ollis, A. Hunger, H. U. Daeniker und K. Schenker, Tetrahedron 19, 247 (1963).
337) R. B. Woodward, Angew. Chem. 68, 13 (1956).
338) J. Harley-Mason und W. R. Waterfield, Chem. and Ind. 1960, 1477.
339) J. Harley-Mason und W. R. Waterfield, Tetrahedron 19, 65 (1963).

Name	Strukturformel	Vorkommen	Konst.	Schm.	pKa	Dreh.	IR.	NMR.	Mass.	UV.	Synth.
Vomicin $C_{22}H_{24}O_4N_2$		Strychnos nux-vomica 358)	333)	282° 358)	5,88 354)	+80° ATN 358)	320) 330)			. HCl ATN 222(4,27) 263(3,77) 297(3,52) 330), 333)	
Pseudo- akuammigin $C_{22}H_{26}O_3N_2$ → Nachtrag		Picralima nitida (klaineana) 359) 360)	361) 362) 363)	165° 359) 360)	7,15 361) 7,35 360)	-54° ATN 359)	330) 360) 362) 363)	361)		ATN 243(3,92) 290(3,54) 330), 360) 362), 364)	
Akuammin (Vincamajo- ridin) 365) $C_{22}H_{26}O_4N_2$ → Nachtrag		Picralima nitida (klaineana) 359) 371) Vinca major 366)367) 368)369) Vinca rosea 370)	361) 363)	255° 365)	7,5 363)	-105° PRD 365)	330) 361) 363) 369)			MTN 244(3,91) 313(3,58) 330), 364) 369)	
Novacin $C_{24}H_{28}O_5N_2$		Strychnos nux-vomica 372)	372)	231- 232°		-18° CRF 372)					373)

340) A. R. Battersby, Quart. Rev. 15, 259 (1961).
341) E. E. v. Tamelen, L. J. Dolby und R. G. Lawton, Tetrahedron Letters 19, 30 (1960).
342) G. R. A. Short, Pharmac. J. 113, 97 (1924); Chem. Zentr. 1924, II, 1722.
343) C. Hartwich und P. Geiger, Arch. Pharm. 239, 491 (1901).
344) H.-G. Boit und L. Paul, Naturwissenschaften 47, 136 (1960).
345) A. Denoël, Pharmac. Belgique 5, 59 (1950); Chem. Zentr. 1952, 3700.
346) Vinci, Pharm. Zentralhalle 51, 828 (1910); Arch. intern. pharmacodyn 20, 1 (1910); Chem. Abstr. 5, 2151 (1911).
347) P. A. Rowaan, Pharmac. Weekbl. 78, 1125 (1941); Chem. Zentr. 1942, I, 641.
348) F. H. Shaw und I. S. de la Lande, Austral. J. Exptl. Biol. Med. Sci. 26, 199 (1948); Chem. Abstr. 42, 7941 (1948).
349) A. F. Sievers, Midl. Drugg. and Pharm. Rev. 45, 233 (1911); Chem. Zentr. 1911 II, 292.
350) K. Warnat, Helv. Chim. Acta 14, 997 (1931).
351) P. Rosenmund, Chem. Ber. 95, 2639 (1962).
352) Raymond-Hamet, Ann. Pharm. Franc. 8, 482 (1950).
353) V. Prelog, S. Szpilfogel und J. Battegay, Helv. Chim. Acta 30, 366 (1947).
354) R. H. F. Manske und H. L. Holmes, The Alkaloids Vol. II, Academic Press. Inc. Publishers New York 1952.
355) A. Bertho und H. F. Sarx, Liebigs Ann. Chem. 556, 22 (1944).
356) F. A. L. Anet, A. S. Bailey und R. Robinson, Chem. and Ind. 1953, 944.
357) H.-G. Boit und L. Paul, Chem. Ber. 88, 697 (1955).
358) H. Wieland und G. Oertel, Liebigs Ann. Chem. 469, 193 (1929).
359) T. A. Henry, J. Chem. Soc. 1932, 2759.
360) R. Robinson und A. F. Thomas, J. Chem. Soc. 1954, 3522.
361) J. A. Joule und G. F. Smith, J. Chem. Soc. 1962, 312.
362) J. Lévy, J. Le Men und M.-M. Janot, Bull. Soc. Chim. France 1961, 1658.
363) M. F. Millson, R. Robinson und A. F. Thomas, Experientia 9, 89 (1953).
364) Raymond-Hamet, Compt. rend. hebd. Séances Acad. Sci. 230, 1183 (1950).

Name	Strukturformel	Vorkommen	Konst.	Schm.	pKa	Dreh.	IR.	NMR.	Mass.	UV.	Synth.
Caracurin II $C_{38}H_{38}O_2N_4$		Calebassen- Curare [379] Strychnos toxifera [378]	380) 381)			-232° CRF 382)		381)		WS-ATN 246(4,22) 291(3,73) 378), 381) 383)	382) 384)
Caracurin-II- methosalz (Toxiferin IX) [414] $C_{40}H_{44}O_2N_4^{++}$	$N_{(b)}, N_{(b')}$-Dimethyl- caracurin II	Strychnos toxifera [410]	380)	Pikr. >300° 410)		Cl⁻ -106° WS- ACT 1:1 382)		381)		Cl⁻ WS 242(4,19) 288(3,64) 382)	382)
C-Alkaloid D $C_{40}H_{48}O_2N_4^{++}$		Calebassen- Curare [408] Strychnos mitscherlichii [402)403] Strychnos solimoesana [405]	381)	Pikr. >320° 396)		Cl⁻ -51° WS- ACT 1:1 382)		381) 424)		Cl⁻ WS 238(4,15) 284(3,66) 381), 382) 396)	384)

A   B   C

365) M.-M. Janot, J. Le Men, K. Aghoramurthy und R. Robinson, Experientia **11**, 343 (1955).

366) M.-M. Janot und J. Le Men, XIV. Internationaler Kongress f. reine und angewandte Chemie, Zürich 1955.

Name	Strukturformel	Vorkommen	Konst.	Schm.	pKa	Dreh.	IR.	NMR.	Mass.	UV.	Synth.
C-Dihydrotoxiferin (C-Alkaloid K) 396) $C_{40}H_{46}N_4^{++}$	Formel A: R = R' = H $N_{(b)}, N_{(b')}$: CH_3	Calebassen-Curare 379)408)412) Strychnos froesii 404) S. trinervis 406)	382) 387) 413) 416) 420)	Pikr. 183-185° 396) 412)		-605° WS 412) -586° 50 % ATN 412)	330) 420)	413)		Cl⁻ ATN 290(4,56) 330), 396)	294) 409) 420)
Nordihydrotoxiferin $C_{38}H_{40}N_4$	Formel A: R = R' = H	Strychnos toxifera 385)	387) 420)	Pikr. >210° 385)		-581° MTN 420)	385) 420)				420)
C-Alkaloid H $C_{40}H_{46}ON_4^{++}$	Formel A: R = H, R' = OH $N_{(b)}, N_{(b')}$: CH_3	Calebassen-Curare 408) Strychnos trinervis 406)	387) 409)	Pikr. 189-192° 396)		Cl⁻ -545° WS 409)	409)			Cl⁻ WS 292(4,54) 396), 409)	409)
C-Toxiferin I (Toxiferin V) 414) (Toxiferin XI) 414) $C_{40}H_{46}O_2N_4^{++}$	Formel A: R = R' = OH $N_{(b)}, N_{(b')}$: CH_3	Calebassen-Curare 398)415) Strychnos froesii 404) Strychnos toxifera 410)412)	382) 386) 387) 413) 416) 417) 420)	Pikr. 270° (Z.) 396)		Cl⁻ -511° MTN 421)	420) 413)	387)		Cl⁻ ATN 292(4,62) 396), 410) 415), 421)	417) 418) 419) 420)
C-Curarin I (Toxiferin) 397) $C_{40}H_{44}ON_4^{++}$	Formel B: R = R' = H	*)	375) 391) 392) 393) 394) 395)	Pikr. 306-307° 396)		Cl⁻ +72° WS 397)	393) 394) 398)	394)		Cl⁻ ATN 260(4,41) 296(4,07) 379), 394) 396), 398) 399), 400)	401)
C-Alkaloid G $C_{40}H_{44}O_2N_4^{++}$	Formel B: R = H, R' = OH	Calebassen-Curare 408) Strychnos solimoesana 405)	393) 394)	Pikr. 285-286° 396)						Cl⁻ WS ~260 ~294 396), 409)	409)
C-Alkaloid E $C_{40}H_{44}O_3N_4^{++}$	Formel B: R = R' = OH	Calebassen-Curare 408) Strychnos froesii 404) S. solimoesana 405) S. tomentosa 404)411)	393) 394)	Pikr. 272° 403)						Cl⁻ WS 260 292 396), 422)	422)

*) C-Curarin-I-Vorkommen: Calebassen-Curare 379)397)399)407), Strychnos divaricans 402), S. froesii 404), S. mitscherlichii (smilacina) 402)403), S. solimoesana 405), S. trinervis 406).

Name	Strukturformel	Vorkommen	Konst.	Schm.	pKa	Dreh.	IR.	NMR.	Mass.	UV.	Synth.
C-Calebassin (C-Toxiferin II) [423] (C-Strychnotoxin) [423] $C_{40}H_{48}O_2N_4^{++}$	Formel C: R = R' = H	*)	424)	Pikr. 215° 412)		Cl⁻ +72° WS 412)	425)	424)		Cl⁻ WS 253(4,37) 302(3,77) 396), 399) 401), 405) 415), 425)	401)
C-Alkaloid F $C_{40}H_{48}O_3N_4^{++}$	Formel C: R = H, R' = OH	Calebassen-Curare [408] Strychnos solimoesana [405]	424)	Pikr. 209–210° 396)						Cl⁻ WS 254 300 396), 409)	409)
C-Alkaloid A (Toxiferin IV) [414] $C_{40}H_{48}O_4N_4^{++}$	Formel C: R = R' = OH	Calebassen-Curare [408][426] Strychnos toxifera [410]	424)	Pikr. 228–229° (Z.) 396)		Cl⁻ +64° WS 424)		424)		Cl⁻ WS 252 300 396), 422)	409) 422)
Caracurin VI $C_{38}H_{40}ON_4$	Nor-C-alkaloid H (?)	Strychnos toxifera [378]	388) 420)	Pikr. >300° 378)						·HCl WS ~260ₛ ~285 378)	
Caracurin V $C_{38}H_{40}O_2N_4$	(structural formula)	Strychnos toxifera [378]	420)	Pikr. >300° 378)		·CH₃Cl +52° WS 419)		381) 420)		·HCl WS ~260(4,23) ~295(3,7) 378), 420)	417) 420)

*) C-Calebassin-Vorkommen: Calebassen-Curare [379][399][412], Strychnos divaricans [402], S. mitscherlichii (smilacina) [402][403], S. solimoesana [405], S. trinervis [406].

367) M.-M. Janot und J. Le Men, Ann. Pharm. Franc. 13, 325 (1955).
368) M.-M. Janot und J. Le Men, Compt. rend. hebd. Séances Acad. Sci. 243, 1789 (1956).
369) M.-M. Janot und J. Le Men, Compt. rend. hebd. Séances Acad. Sci. 240, 909 (1955).
370) R. Paris und H. Moyse-Mignon, Compt. rend. hebd. Séances Acad. Sci. 236, 1993 (1953).
371) E. Clinquart, Bull.acad. roy. med. Belg. 6, 492 (1926); Chem. Abstr. 21, 151 (1927).
372) W. F. Martin, H. R. Bentley, J. A. Henry und F. S. Spring, J. Chem. Soc. 1952, 3603.
373) H. Leuchs und H. G. Boit, Ber. dtsch. chem. Ges. 73, 885 (1940).
374) A. J. Everett, H. T. Openshaw und G. F. Smith, J. Chem. Soc. 1957, 1120.
375) H. Fritz, A. Krekel und H. Meyer, Liebigs Ann. Chem. 664, 188 (1963).
376) A. Hérbert, J. Pharm. et Chim. 27, 151 (1908); Chem. Zentr. 1908 I, 1402.
377) A. S. Bailey und R. Robinson, J. Chem. Soc. 1948, 703.
378) H. Asmis, H. Schmid und P. Karrer, Helv. Chim. Acta 37, 1983 (1954).
379) A. Zürcher, O. Ceder und V. Boekelheide, J. Amer. Chem. Soc. 80, 1500 (1958).
380) A. T. McPhail und G. A. Sim, Proc. Chem. Soc. 1961, 416.
381) A. R. Battersby, D. A. Yeowell, L. M. Jackman, H.-D. Schroeder, M. Hesse, H. Hiltebrand, W. v. Philipsborn, H. Schmid und P. Karrer, Proc. Chem. Soc. 1961, 413.
382) H.-D. Schroeder, H. Hiltebrand, H. Schmid und P. Karrer, Helv. Chim. Acta 44, 34 (1961).
383) A. R. Battersby, H. F. Hodson, G. V. Rao und D. A. Yeowell, Proc. Chem. Soc. 1961, 412.
384) H. Asmis, E. Bächli, H. Schmid und P. Karrer, Helv. Chim. Acta 37, 1993 (1954).
385) H. Asmis, P. Waser, H. Schmid und P. Karrer, Helv. Chim. Acta 38, 1661 (1955).
386) K. Bernauer, S. K. Pavanaram, W. v. Philipsborn, H. Schmid und P. Karrer, Helv. Chim. Acta 41, 1405 (1958).
387) W. Arnold, M. Hesse, H. Hiltebrand, A. Melera, W. v. Philipsborn, H. Schmid und P. Karrer, Helv. Chim. Acta 44, 620 (1961).
388) F. Berlage, Dissertation Zürich 1960, S. 48.
389) H. Rapoport, T. P. Onak, N. A. Hughes und M. G. Reinecke, J. Amer. Chem. Soc. 80, 1601 (1958).
390) H. Rapoport und R. E. Moore, J. Org. Chem. 27, 2981 (1962).
391) H. Fritz und H. Meyer, Liebigs Ann. Chem. 617, 162 (1958).
392) Th. Wieland, H. Reinshagen und H. Fritz, Naturwissenschaften 48, 50 (1961).
393) W. v. Philipsborn, W. Arnold, J. Nagyvari, K. Bernauer, H. Schmid und P. Karrer, Helv. Chim. Acta 43, 141 (1960).
394) J. Nagyvàry, W. Arnold, W. v. Philipsborn, H. Schmid und P. Karrer, Tetrahedron 14, 138 (1961).
395) M. Hesse, H. Schmid und P. Karrer, Helv. Chim. Acta 44, 1873 (1961).
396) J. Kebrle, H. Schmid, P. Waser und P. Karrer, Helv. Chim. Acta 36, 102 (1953).
397) H. Wieland und H. J. Pistor, Liebigs Ann. Chem. 536, 68 (1938).

Name	Strukturformel	Vorkommen	Konst.	Schm.	pKa	Dreh.	IR.	NMR.	Mass.	UV.	Synth.
Geissolosimin (Alkaloid D$_2$) 390) $C_{38}H_{44}ON_4$		Geissospermum vellosii 389)390)	390)	140° 390)		+70° MTN 390)	389) 390)	390)		ATN 250(4,13) 284(3,83) 292(3,85) 389), 390)	390)
Geissospermin $C_{40}H_{48}O_3N_4$		Geissospermum laeve 427)428) G. sericeum 429) Tabernaemontana laevis 430)431)	432) 433) 434)	213-214° 435)	7,18 441)	-101° ATN 435)	435) 436) 437) 438)			MTN 251(4,10) ~285(3,91) 293(3,90) 438), 439) 440)	434)

398) H. Schmid, A. Ebnöther und P. Karrer, Helv. Chim. Acta 33, 1486 (1950).
399) P. Karrer und H. Schmid, Helv. Chim. Acta 29, 1853 (1946).
400) W. v. Philipsborn, H. Schmid und P. Karrer, Helv. Chim. Acta 39, 913 (1956).
401) K. Bernauer, H. Schmid und P. Karrer, Helv. Chim. Acta 40, 1999 (1957).
402) G. B. Marini-Bettòlo, M. A. Jorio, A. Pimenta, A. Ducke und D. Bovet, Gazz. Chim. Ital. 84, 1161 (1954).
403) J. Kebrle, H. Schmid, P. Waser und P. Karrer, Helv. Chim. Acta 36, 345 (1953).
404) A. Pimenta, M. A. Jorio, K. Adank und G. B. Marini-Bettòlo, Gazz. Chim. Ital. 84, 1147 (1954).
405) G. B. Marini-Bettòlo, P. de Berredo Carneiro und G. C. Casinovi, Gazz. Chim. Ital. 86, 1148 (1956).
406) K. Adank, D. Bovet, A. Ducke und G. B. Marini-Bettòlo, Gazz. Chim. Ital. 83, 966 (1953).
407) H. Wieland, W. Konz und R. Sonderhoff, Liebigs Ann. Chem. 527, 160 (1937).
408) H. Schmid, J. Kebrle und P. Karrer, Helv. Chim. Acta 35, 1864 (1952).
409) F. Berlage, K. Bernauer, H. Schmid und P. Karrer, Helv. Chim. Acta 42, 2650 (1959).
410) H. King, J. Chem. Soc. 1949, 3263.
411) G. B. Marini-Bettòlo, M. Lederer, M. A. Jorio und A. Pimenta, Gazz. Chim. Ital. 84, 1155 (1954).
412) H. Wieland, K. Bähr und B. Witkop, Liebigs Ann. Chem. 547, 156 (1941).
413) V. Boekelheide, O. Ceder, T. Crabb, Y. Kawazoe und R. N. Knowles, Tetrahedron Letters 26, 1 (1960).
414) A. R. Battersby, R. Binks, H. F. Hodson und D. A. Yeowell, J. Chem. Soc. 1960, 1848.
415) H. Schmid und P. Karrer, Helv. Chim. Acta 30, 1162 (1947).
416) K. Bernauer, H. Schmid und P. Karrer, Helv. Chim. Acta 41, 1408 (1958).
417) A. R. Battersby und H. F. Hodson, J. Chem. Soc. 1960, 736.
418) A. R. Battersby und H. F. Hodson, Proc. Chem. Soc. 1958, 287.
419) F. Berlage, K. Bernauer, W. v. Philipsborn, P. Waser, H. Schmid und P. Karrer, Helv. Chim. Acta 42, 394 (1959).
420) K. Bernauer, F. Berlage, W. v. Philipsborn, H. Schmid und P. Karrer, Helv. Chim. Acta 41, 2293 (1958).
421) M. Hesse, Dissertation, Zürich 1963.
422) K. Bernauer, F. Berlage, H. Schmid und P. Karrer, Helv. Chim. Acta 41, 1202 (1958).
423) Th. Wieland und H. Merz, Chem. Ber. 85, 731 (1952).
424) M. Hesse, H. Hiltebrand, Ch. Weissmann, W. v. Philipsborn, K. Bernauer, H. Schmid und P. Karrer, Helv. Chim. Acta 44, 2211 (1961).
425) K. Bernauer, H. Schmid und P. Karrer, Helv. Chim. Acta 41, 673 (1958).
426) H. Schmid und P. Karrer, Helv. Chim. Acta 33, 512 (1950).
427) M. Aurousseau, Ann. Pharm. Franc. 19, 175 (1961).
428) M. Aurousseau, Ann. Pharm. Franc. 19, 104 (1961).
429) R. A. Paris und M. Pointet, Ann. Pharm. Franc. 12, 547 (1954).
430) A. Bertho und G. v. Schuckmann, Ber. dtsch. chem. Ges. 64, 2278 (1931).
431) O. Hesse, Liebigs Ann. Chem. 202, 141 (1880).
432) M.-M. Janot, Tetrahedron 14, 113 (1961).
433) F. Puisieux, R. Goutarel, M.-M. Janot, J. Le Men und A. Le Hir, Compt. rend. hebd. Séances Acad. Sci. 250, 1285 (1960).
434) F. Puisieux und A. Le Hir, Compt. rend. hebd. Séances Acad. Sci. 252, 902 (1961).
435) M.-M. Janot, R. Goutarel, A. Le Hir und F. Puisieux, Compt. rend. hebd. Séances Acad. Sci. 248, 108 (1959).
436) A. Bertho, M. Koll und M. I. Ferosie, Chem. Ber. 91, 2581 (1958).
437) K. Wiesner, W. Rideout und J. A. Manson, Experientia 9, 369 (1953).
438) N. Neuss, Physical Data of Indole and Dihydroindole alkaloids, Ely Lilli and Company, Indianapolis 6, Indiana, U.S.A., Edn. 1954, 1956, 1960, 1961, 1962.
439) A. Bertho und H. F. Sarx, Liebigs Ann. Chem. 556, 22 (1944).
440) H. Rapoport, R. J. Windgassen, N. A. Hughes und T. P. Onak, J. Amer. Chem. Soc. 82, 4404 (1960).
441) R. Goutarel und M.-M. Janot, Compt. rend. Séances Acad. Sci. 242, 2981 (1956).

X

Alkaloide vom Ajmalicin-Typ

Bezüglich der abs. Konf. vgl. 456), 483a).

Alkaloide vom Ajmalicin-Typ

Name	Strukturformel	Vorkommen	Konst.	Schm.	pKa	Dreh.	IR.	NMR.	Mass.	UV.	Synth.
Alstonin (Chlorogenin) 444) $C_{21}H_{20}O_3N_2$		*)	446) 448) 449) 450)	.HCl 286° (Z.) 444)		.HCl +132° WS 444)	438) 446) 449)			MTN 252(4,54) 289(4,08) 309(4,36) 336(3,39) 369(3,60) 438), 446) 451), 453)	452)(B)
Serpentin $C_{21}H_{20}O_3N_2$		**)	450) 454) 455a) 456) 457)	156-157° (Z.) 458)	10,8 66 % DMF 465)	+292° MTN 460) +267° ATN 460)	438) 454) 457) 460) 461)			ATN 252(4,49) 308(4,30) 370(3,61) 438), 447) 457), 460) 465), 475)	450) 462)(B) 463)(B) 464)(B) 467a)(B)

*) Alstonin-Vorkommen: Alstonia constricta [442)443)444)], Rauwolfia hirsuta (R. canescens) [445)], R. obscura [446)], R. vomitoria [446)], Vinca rosea [447)].

**) Serpentin-Vorkommen: Rauwolfia canescens [458)469)], R. fruticosa [470)], R. heterophylla (R. hirsuta) [474)-476)], R. ligustrina [471)], R. sellowii [472)], R. serpentina [455)459)], R. sumatrana [470)], Vinca major [473)], V. rosea [447)466)-468)].

442) O. Hesse, Ber. dtsch. chem. Ges. 11, 2234 (1878).
443) G. H. Svoboda, J. Amer. Pharm. Assoc., Sci. Edn. 46, 508 (1957).
444) T. M. Sharp, J. Chem. Soc. 1934, 287.
445) B. U. Vergara, J. Amer. Chem. Soc. 77, 1864 (1955).
446) E. Schlittler, H. Schwarz und F. Bader, Helv. Chim. Acta 35, 271 (1952).
447) M. Shimizu und F. Uchimaru, Chem. Pharm. Bull. (Tokyo) 6, 324 (1958); Chem. Abstr. 53, 428 (1959).
448) R. C. Elderfield, Festschrift Arthur Stoll, Birkhäuser-Verlag Basel, 1957.
449) F. E. Bader, Helv. Chim. Acta 36, 215 (1953).
450) E. Wenkert und D. K. Roychaudhuri, J. Amer. Chem. Soc. 79, 1519 (1957).
451) N. J. Leonard und R. C. Elderfield, J. Org. Chem. 7, 556 (1942).
452) R. B. Woodward, Angew. Chem. 68, 13 (1956).
453) R. C. Elderfield und S. L. Wythe, J. Org. Chem. 19, 683 (1954).
454) H. Fritz, Liebigs Ann. Chem. 655, 148 (1962).
455) H. Kaneko, R. Fujimoto, K. Namba und N. Ikeda, J. Pharm. Soc. Japan 82, 1489 (1962).
455a) M. W. Klohs, M. D. Draper, F. Keller, W. Malesh und F. J. Petracek, J. Amer. Chem. Soc. 76, 1332 (1954).
456) E. Wenkert, B. Wickberg und C. L. Leicht, J. Amer. Chem. Soc. 83, 5037 (1961).
457) F. Bader und H. Schwarz, Helv. Chim. Acta 35, 1594 (1952).
458) E. Haack, A. Popelak, H. Spingler und F. Kaiser, Naturwissenschaften 41, 479 (1954).
459) S. Siddiqui und R. H. Siddiqui, J. Indian Chem. Soc. 8, 667 1931); Chem. Zentr. 1932 I, 244.
460) E. Schlittler, H. U. Huber, F. E. Bader und H. Zahnd, Helv. Chim. Acta 37, 1912 (1954).
461) A. Chatterjee, S. C. Pakrashi und G. Werner, Fortschritte der Chem. organ. Naturstoffe 13, 346 (1956).
462) A. R. Battersby, Quart. Rev. 15, 259 (1961).
463) E. Leete, J. Amer. Chem. Soc. 82, 6338 (1960).
464) E. Leete, Tetrahedron 14, 35 (1961).
465) C. Djerassi, J. Fishman, M. Gorman, J. P. Kutney und S. C. Pakrashi, J. Amer. Chem. Soc. 79, 1217 (1957).
466) R. Paris und H. Moyse-Mignon, Compt. rend. hebd. Séances Acad. Sci. 236, 1993 (1953).
467) W. B. Mors, P. Zaltzman, J. J. Beereboom, S. C. Pakrashi und C. Djerassi, Chem. and Ind. 1956, 173.
467a) E. Leete und S. Ghosal, Tetrahedron Letters 1962, 1179.

Name	Strukturformel	Vorkommen	Konst.	Schm.	pKa	Dreh.	IR.	NMR.	Mass.	UV.	Synth.
Ajmalicin (δ-Yohimbin) 458) (Raubasin) 458) (Vincein) 467) (Vincain) 467) $C_{21}H_{24}O_3N_2$ abs. Konf.		*)	456) 457) 477) 478)	254-256° (Z.) 480)	6,31 66 % DMF 477)	-50° PRD 482) -60° CRF 481)	447) 457) 461) 483) 484)	456) 478)	485)	MTN 227(4,61) ~280(3,84) 292(3,79) 438), 457) 483), 486) 487)	457) 488) 489) 483a) (B)
Tetraphyllin $C_{22}H_{26}O_4N_2$		Rauwolfia degeneri 479) Rauwolfia discolor (?) 520) Rauwolfia sandwicensis 479) Rauwolfia tetraphylla 465)505)	456) 465) 477) 505) 506)	220-223° 465)	6,37 66 % DMF 507)	-76° CRF 465) -35° PRD 465)	438) 465) 484) 505) 506)	478)	485)	MTN 229(4,65) 298(3,81) 438), 465) 505)	
Raumitorin $C_{22}H_{26}O_4N_2$		Rauwolfia vomitoria 508)	478) 506) 509)	138° 508)		+60° CRF 508)	438) 484) 506) 508) 509)			MTN 228(4,54) 279(3,95) 438), 508)	

*) Ajmalicin-Vorkommen: Catharanthus trichophyllus 503), Corynanthe yohimbe 482), Rauwolfia amsoniaefolia (?) 490), R. beddomei 495), R. canescens 469)481), R. chinensis 499), R. heterophylla (R. hirsuta) 474)494), R. inebrians 496), R. ligustrina 471), R. micrantha 497), R. nitida 502), R. pentaphylla 496), R. rosea 496), R. sandwicensis 496), R. sellowii 480), R. serpentina 455)459)491)504), R. sumatrana 470), R. verticillata 498), R. vomitoria (?) 501), Tonduzia longifolia (Rauwolfia longifolia) 496), Vinca erecta 500), V. lancea 492)493), V. rosea 447)466)467)468)486).

468) M.-M. Janot und J. Le Men, Compt. rend. hebd. Séances Acad. Sci. 243, 1789 (1956).
469) A. Stoll und A. Hofmann, Soc. Biol. Chemists, India 1955, 248.
470) N. A. Chaudhury und A. Chatterjee, J. Sci. Ind. Res. (India) 18 B, 130 (1959).
471) J. M. Müller, Experientia 13, 479 (1957).
472) R. A. Seba, J. S. Campos und J. G. Kuhlmann, Bol. inst. vital Brazil 5, 175 (1954); Chem. Abstr. 49, 14270 (1955).
473) N. R. Farnsworth, Diss. Abstracts 20, 3266 (1960).
474) F. A. Hochstein, K. Murai und W. H. Boegemann, J. Amer. Chem. Soc. 77, 3551 (1955).
475) M.-M. Janot, R. Goutarel und A. Le Hir, Compt. rend. hebd. Séances Acad. Sci. 238, 720 (1954).
476) C. Djerassi, M. Gorman, A. L. Nussbaum und J. Reynoso, J. Amer. Chem. Soc. 76, 4463 (1954).
477) M. Shamma und J. B. Moss, J. Amer. Chem. Soc. 83, 5038 (1961).
478) M. Shamma und J. B. Moss, J. Amer. Chem. Soc. 84, 1739 (1962).
479) M. Gorman, N. Neuss, C. Djerassi, J. P. Kutney und P. J. Scheuer, Tetrahedron 1, 328 (1957).
480) S. C. Pakrashi, C. Djerassi, R. Wasicky und N. Neuss, J. Amer. Chem. Soc. 77, 6687 (1955).
481) J. Keck, Naturwissenschaften 42, 391 (1955).
482) H. Heinemann, Ber. dtsch. chem. Ges. 67, 15 (1934).
483a) E. Wenkert und N. V. Bringi, J. Amer. Chem. Soc. 81, 1474 (1959).
483) A. Hofmann, Helv. Chim. Acta 37, 849 (1954).
484) E. Wenkert und D. K. Roychaudhuri, J. Amer. Chem. Soc. 78, 6417 (1956).
485) L. D. Antonaccio, N. A. Pereira, B. Gilbert, H. Vorbrueggen, H. Budzikiewicz, J. M. Wilson, L. J. Durham und C. Djerassi, J. Amer. Chem. Soc. 84, 2161 (1962).
486) R. Paris und H. Moyse-Mignon, Compt. rend. hebd. Séances Acad. Sci. 236, 1993 (1953).
487) H. Kaneko, J. Pharm. Soc. Japan 80, 1493 (1960).
488) C. Placeway, Diss. Abstracts 22, 745 (1961).
489) E. E. v. Tamelen und C. Placeway, J. Amer. Chem. Soc. 83, 2594 (1961).
490) R. M. Bernal, A. Villegas-Castillo und O. P. Espejo, Experientia 16, 353 (1960).
491) N. Neuss, H. E. Boaz und J. W. Forbes, J. Amer. Chem. Soc. 76, 3234 (1954).
492) M.-M Janot, J. Le Men und Y. Gabbai, Ann. Pharm. Franc. 15, 474 (1957).
493) M.-M. Janot, J. Le Men und Y. Hammouda, Ann. Pharm. Franc. 14, 341 (1956).
494) E. E. v. Tamelen und C. W. Taylor, J. Amer. Chem. Soc. 79, 5256 (1957).
495) S. Bose, S. K. Talapatra und A. Chatterjee, J. Indian Chem. Soc. 33, 379 (1956).
496) B. P. Korzun, A. F. St. André und P. R. Ulshafer, J. Amer. Pharm. Assoc., Sci. Edn. 46, 720 (1957).
497) D. S. Rao und S. B. Rao, J. Amer. Pharm. Assoc., Sci. Edn. 44, 253 (1955).

Name	Strukturformel	Vorkommen	Konst.	Schm.	pKa	Dreh.	IR.	NMR.	Mass.	UV.	Synth.
Reserpilin $C_{23}H_{28}O_5N_2$	(structure: 10,11-dimethoxy indole alkaloid with H_3COOC and pyran ring with CH_3)	*)	478) 506) 510) 512)	amph. 510)		-12° CRF 510) -14° PRD 511)	484) 506) 510) 512) 531)	478)		ATN 229(4, 57) 300(4, 03) 304(4, 03) 510), 512) 531)	
Alkaloid C $C_{22}H_{26}O_4N_2$ 11-Methoxy-δ-yohimbin (?)		Rauwolfia serpentina 483)	483)	. HCl 263- 264° 483) 240° (Z.) 483)		-101° PRD 483) -127° CRF 483)	483)			ATN ~230(4, 70) ~298(3, 85) 483)	
Rauvanin $C_{23}H_{28}O_5N_2$	(structure: dimethoxy indole alkaloid with H_3COOC and pyran ring with CH_3, (?))	Rauwolfia vomitoria 522)	522)	129- 135° (Z.) 522)		+33° CRF 522)	438) 522)	522)		228(4, 54) 298(3, 98) 315(3, 99) 438), 522)	
Rauniticin $C_{21}H_{24}O_3N_2$	(structure: indole alkaloid with H_3COOC and pyran ring with CH_3)	Rauwolfia nitida 502)	478) 502)	233- 235° 502)		-7° PRD 502) -38° CRF 502)	502)	478)		ATN 228(4, 65) 282(3, 91) 502)	

*) Reserpilin-Vorkommen: Aspidosperma discolor 513), Rauwolfia affinis 496), R. bahiensis 496), R. boliviana 517), R. canescens 496)510), R. cubana 496), R. decurva 519), R. discolor (?)520), R. grandiflora 521), R. hirsuta 496), R. indecora 496), R. inebrians 496), R. lamarkii 496), R. ligustrina 471), R. mattfeldiana 521), R. micrantha 515), R. mombasiana 496), R. nitida 496)502), R. paraensis 496), R. pentaphylla 496), R. rosea 496), R. salicifolia 496), R. sandwicensis 496), R. schueli 517)518), R. serpentina 496), R. sprucei 496), R. sumatrana 496), R. ternifolia 496), R. vomitoria 496)511)514)516).

498) H. R. Arthur, Chem. and Ind. 1956, 85.
499) K. Yamaguchi und H. Shoji, Eisei Shikenjo Hōkoku 76, 99 (1958); Chem. Abstr. 53, 17419 (1959).
500) S. Y. Yunusov und P. K. Yuldashev, Doklady Akad. Nauk Uzbek. S.S.R. 1956, 23; Chem. Abstr. 52, 3044 (1958).
501) R. Paris, Ann. Pharm. Franc. 1, 138 (1943).
502) R. Salkin, N. Hosansky und R. Jaret, J. Amer. Pharm. Assoc., Sci. Edn. 50, 1038 (1961).
503) M. Gabbai, Dissertation, Universität Paris 1958; zitiert bei O. Štrouf und K. Kavková, Chem. Listy 56, 987 (1962).
504) E. Haack, A. Popelak, H. Spingler und F. Kaiser, Naturwissenschaften 41, 214 (1954).
505) C. Djerassi und J. Fishman, Chem. and Ind. 1955, 627.
506) N. Neuss und H. E. Boaz, J. Org. Chem. 22, 1001 (1957).
507) E. Schlittler und J. Hohl, Helv. Chim. Acta 35, 29 (1952).
508) J. Poisson, A. Le Hir, R. Goutarel und M.-M. Janot, Compt. rend. hebd. Séances Acad. Sci. 239, 302 (1954).
509) R. Goutarel, A. Le Hir, J. Poisson und M.-M. Janot, Bull. Soc. Chim. France 1954, 1481.
510) A. Stoll, A. Hofmann und R. Brunner, Helv. Chim. Acta 38, 270 (1955).
511) A. Hofmann und A. J. Frey, Helv. Chim. Acta 40, 1866 (1957).
512) M. W. Klohs, M. D. Draper, F. Keller und W. Malesh, Chem. and Ind. 1954, 1264.
513) N. Dastoor und H. Schmid, Experientia 19, 297 (1963).
514) N. Finch, W. I. Taylor und P. R. Ulshafer, International Symposia on the Chem. of Natural Products, Brussels 12. 6. 1962 und Prague 31. 8. 1962.
515) D. S. Rao und S. B. Rao, Indian J. Pharm. 18, 202 (1956); Chem. Abstr. 51, 15068 (1957).
516) E. Haack, A. Popelak und H. Spingler, Naturwissenschaften 43, 328 (1956).
517) G. Iacobucci und V. Deulofeu, Anales asoc. quím. arg. 46, 143 (1958); Chem. Abstr. 53, 3595 (1959).
518) G. Iacobucci und V. Deulofeu, J. Org. Chem. 22, 94 (1957).
519) D. K. Atal, J. Amer. Pharm. Assoc., Sci. Edn. 48, 37 (1959).
520) R. Pernet, J. Philippe und G. Combes, Ann. Pharm. Franc. 20, 527 (1962).
521) Brit. Patent 833.149; Chem. Abstr. 54, 21666 (1960).
522) R. Goutarel, M. Gut und J. Parello, Compt. rend. hebd. Séances Acad. Sci. 253, 2589 (1961).

Name	Strukturformel	Vorkommen	Konst.	Schm.	pKa	Dreh.	IR.	NMR.	Mass.	UV.	Synth.
Tetrahydro-alstonin $C_{21}H_{24}O_3N_2$		Alstonia constricta 523) Rauwolfia ligustrina 471) R. sellowii 524) Vinca lancea 492) V. major 473) V. rosea 525)526)	477) 478) 527) 528)	230-231° (Z.) 529)	5,83 66 % DMF 477)	-107° CRF 529) -88° PRD 530)	491) 492) 506) 525) 527) 531) 532)	478)	485)	MTN 226(4,64) 272(3,78) ~280(3,85) 291(3,83) 461), 491) 530), 531)	492) 507) 529) 530)
Melinonin A $C_{22}H_{27}O_3N_2^+$		Strychnos melinoniana 507)533)	507)	Cl⁻ 260-261° 507)		Cl⁻ -120° WS 507)				Cl⁻ 50% ATN ~220(4,7) ~270(4,0) ~280(4,0) ~290(3,8) 533)	507)
Reserpinin (Raubasinin) 534) $C_{22}H_{26}O_4N_2$		*)	465) 477) 478) 506) 528) 535)	243-244° (Z.) 491)	6,01 66 % DMF 477)	-120° CRF 481)	461) 484) 491) 506) 531) 535)	478)		MTN 228(4,65) 296(3,81) 461), 491) 504), 531) 535)	
Isoreserpilin (Elliptin) 537) $C_{23}H_{28}O_5N_2$		**)	477) 478) 506) 510) 514)	211-212° (Z.) 537)	6,07 66 % DMF 477)	-88° ATN 510) -82° PRD 510)	484) 506) 510) 531) 537) 538)	478)		ATN 228(4,58) 300(4,01) 304(4,02) 510), 531) 537), 538)	

*) <u>Reserpinin-Vorkommen:</u> Rauwolfia affinis 496), R. canescens 469)481), R. decurva (?) 519), R. densiflora 539), R. discolor (?) 520), R. indecora 496), R. lamarkii 496), R. nitida 502), R. pentaphylla 496), R. serpentina 504)535)540), R. ternifolia 496), R. tetraphylla 496), R. tetraphylla 496), Vinca erecta 500), V. major 541)542)543).

**) <u>Isoreserpilin-Vorkommen:</u> Aspidosperma discolor 513), Excavatia coccinea 545), Ochrosia elliptica 537)544), O. moorei 545), O. glomerata 545), O. poweri 545), Rauwolfia boliviana 517), R. canescens 510)540), R. cambodiana 547)548), R. decurva 519), R. heterophylla 494), R. ligustrina 549), R. nitida 502), R. perakensis 550), R. vomitoria 514)538), R. schueli 518).

523) G.H. Svoboda, J. Amer. Pharm. Assoc., Sci. Edn. 46, 508 (1957).
524) F.A. Hochstein, J. Amer. Chem. Soc. 77, 5744 (1955).
525) M. Shimizu und F. Uchimaru, Chem. Pharm. Bull. (Tokyo) 6, 324 (1958); Chem. Abstr. 53, 428 (1959).
526) B.K. Moza und J. Trojánek, Chem. and Ind. 1962, 1425.

Name	Strukturformel	Vorkommen	Konst.	Schm.	pKa	Dreh.	IR.	NMR.	Mass.	UV.	Synth.
Isoreserpi-lin-ψ-indoxyl $C_{23}H_{28}O_6N_2$		Aspidosperma discolor 513) Rauwolfia ligustrina 514) Rauwolfia vomitoria 514)	514) 536)	251-254° 514)		-254° CRF 514)	513) 514)			ATN 226(4,36) 251(4,46) 282(4,07) 402-3(3,74) 513), 514)	514) 536) 551)
Holeinin $C_{24}H_{31}O_5N_2Cl$		Ochrosia sandwicensis 551)	551)	283-285° (Z.) 551)		-135° MTN 551)	551)			222(~4,8) 296(~4,06) 302(~4,05) 307 551)	
Raunitidin $C_{22}H_{26}O_4N_2$		Rauwolfia nitida 502)	478) 502)	276-278° 502)	5,4 90 % DMF 502)	-31° PRD 502) -70° CRF 502)	502)	478)		ATN 229(4,63) 298(3,80) 502)	
Akuammigin $C_{21}H_{24}O_3N_2$		Picralima nitida (klaineana) 552) 553)	478) 554)	125° 552)	6,58 553)	-44° ATN 552) +1° PRD 553)	484) 553) 555)			224(4,53) 269(3,98) 280(3,92) 288(3,73) 553)	

527) F. E. Bader, Helv. Chim. Acta 36, 215 (1953).
528) E. Wenkert, B. Wickberg und C. L. Leicht, J. Amer. Chem. Soc. 83, 5037 (1961).
529) T. M. Sharp, J. Chem. Soc. 1938, 1353.
530) N. J. Leonard und R. C. Elderfield, J. Org. Chem. 7, 556 (1942).
531) N. Neuss, Physical Data of Indole and Dihydroindole alkaloids, Ely Lilly and Company, Indianapolis 6, Indiana U.S.A. Edn. 1954, 1956, 1960, 1961, 1962.
532) M.-M. Janot, R. Goutarel und J. Massonneau, Compt. rend. hebd. Séances Acad. Sci. 234, 850 (1952).
533) E. Bächli, C. Vamvacas, H. Schmid und P. Karrer, Helv. Chim. Acta 40, 1167 (1957).
534) E. Haack, A. Popelak und H. Spingler, Naturwissenschaften 42, 47 (1955).
535) E. Schlittler, H. Saner und J. M. Müller, Experientia 10, 133 (1954).
536) N. Finch, W. I. Taylor und P. R. Ulshafer, Experientia 19, 296 (1963).
537) S. Goodwin, A. F. Smith und E. C. Horning, J. Amer. Chem. Soc. 81, 1903 (1959).
538) J. Poisson und R. Goutarel, Bull. Soc. Chim. France 1956, 1703.
539) S. Bhattacharji, M. M. Dhar und M. L. Dhar, J. Sci. Ind. Res. (India) 21 B, 454 (1962).
540) H. Kaneko, R. Fujimoto, K. Namba und N. Ikeda, J. Pharm. Soc. Japan 82, 1489 (1962).
541) J. Trojánek und J. Hodková, Coll. Czech. Chem. Comm. 27 2981 (1962).
542) M.-M. Janot und J. Le Men, Ann. Pharm. Franc. 13, 325 (1955).
543) M.-M. Janot und J. Le Men, XIV. Internationaler Kongress für reine und angewandte Chemie, Zürich 1955.
544) S. M. Goodwin, XIV. Internationaler Kongress für reine und angewandte Chemie, Zürich 1955.
545) F. A. Doy und B. P. Moore, Austral. J. Chem. 15, 548 (1962).
546) A. Stoll und A. Hofmann, Soc. Biol. Chemists, India 1955, 248.
547) D. A. A. Kidd, Chem. and Ind. 1957, 1013.
548) D. A. A. Kidd, J. Chem. Soc. 1958, 2432.
549) J. M. Müller, Experientia 13, 479 (1957).
550) A. K. Kiang und A. S. C. Wan, J. Chem. Soc. 1960, 1394.
551) P. J. Scheuer und J. T. H. Metzger, J. Org. Chem. 26, 3069 (1961).
552) T. A. Henry, J. Chem. Soc. 1932, 2759.
553) R. Robinson und A. F. Thomas, J. Chem. Soc. 1954, 3479.
554) E. Wenkert und D. K. Roychaudhuri, J. Amer. Chem. Soc. 80, 1613 (1958).

Name	Strukturformel	Vorkommen	Konst.	Schm.	pKa	Dreh.	IR.	NMR.	Mass.	UV.	Synth.
Isoreserpinin $C_{22}H_{26}O_4N_2$		Rauwolfia canescens 510) Rauwolfia ligustrina 549) Rauwolfia nitida 502)	478) 506) 510) 556)	225-226° 510)		-5° PRD 510)	484) 506) 510) 531)	478)		ATN 229(4,69) 299(3,83) 510), 531)	
Mayumbin $C_{21}H_{24}O_3N_2$		Pseudocinchona mayumbensis 557)	478) 528) 532) 558)	216° 532)	5,85 532)	-68° PRD 532)	484) 532)	478)		ATN 227(4,57) 282(3,87) 532), 553) 557)	
Aricin (Cinchovatin) 571a) (Heterophyllin) 474) $C_{22}H_{26}O_4N_2$		*)	477) 478) 506) 510) 528) 559)	190° (Z.) 510)	6,8 DMF WS 1:1 474) 5,70 66 % DMF 477)	-91° CRF 510) -66° PRD 474) -59° ATN 531)	474) 484) 506) 510) 531) 559) 560)	478)	485)	MTN 227(4,54) 279(3,98) 474), 510) 531), 559)	510)(B)
Alstonidin $C_{22}H_{24}O_4N_2$		Alstonia constricta 523)565)	566) 567)	186-188° 523)	5,95 66 % DMF 567)		531) 567)			MTN 238(4,66) ~260(4,37) 291(4,25) ~344(3,70) 360(3,74) 531), 567)	

*) Aricin-Vorkommen: Aspidosperma marcgravianum 561), Cinchona pelletieriana (pubescens) 562), Rauwolfia amsoniaefolia 490), R. canescens 510), R. heterophylla (hirsuta) 474)563), R. ligustrina 549), R. nitida 502), R. schueli 518), R. sellowii 480)524), R. sumatrana 564).

555) M. F. Millson, R. Robinson und A. F. Thomas, Experientia 9, 89 (1953).
556) C. Djerassi, J. Fishman, M. Gorman, J. P. Kutney und S. C. Pakrashi, J. Amer. Chem. Soc. 79, 1217 (1957).
557) Raymond-Hamet, Compt. rend. hebd. Séances Acad. Sci. 232, 2354 (1951).
558) Raymond-Hamet und R. Goutarel, Compt. rend. hebd. Séances Acad. Sci. 233, 431 (1951).

Name	Strukturformel	Vorkommen	Konst.	Schm.	pKa	Dreh.	IR.	NMR.	Mass.	UV.	Synth.
Serpentinin $C_{42}H_{44}O_6N_4$		Rauwolfia degeneri [479) R. ligustrina [549) R. mauiensis [479) R. sandwicensis [479) R. serpentina [568) R. tetraphylla [505)556) R. vomitoria [501)	556) 570) 571)	265-270° (Z.) 479)	6,0 + 10,6 66 % DMF 556)	+52° MTN 569) +72° ATN 569)	505) 531) 569) 570)	487)		ATN 227(4,37) 257(4,17) 281(3,59) 294(3,59) 308(3,75) 373(3,79) 505), 531) 556), 569) 570)	

559) R. Goutarel, M.-M. Janot, A. Le Hir, H. Corrodi und V. Prelog, Helv. Chim. Acta 37, 1805 (1954).
560) A. Chatterjee, S. C. Pakrashi und G. Werner, Fortschritte der Chem. organ. Naturstoffe 13, 346 (1956).
561) B. Gilbert, L. D. Antonaccio und C. Djerassi, J. Org. Chem. 27, 4702 (1962).
562) J. Pelletier und Coriol, J. Pharm. 15, 565 (1829).
563) E. E. v. Tamelen und C. W. Taylor, J. Amer. Chem. Soc. 79, 5256 (1957).
564) N. A. Chaudhury und A. Chatterjee, J. Sci. Ind. Res. (India) 18 B, 130 (1959).
565) O. Hesse, Liebigs Ann. Chem. 205, 360 (1880).
566) A. v. Camp und H. A. Rose, J. Amer. Pharm. Assoc., Sci. Edn. 46, 509 (1957).
567) H. Boaz, R. C. Elderfield und E. Schenker, J. Amer. Pharm. Assoc., Sci. Edn. 46, 510 (1957).
568) S. Siddiqui und R. H. Siddiqui, J. Indian Chem. Soc. 8, 667 (1931); Chem. Zentr. 1932 I, 244.
569) E. Schlittler, H. U. Huber, F. E. Bader und H. Zahnd, Helv. Chim. Acta 37, 1912 (1954).
570) H. Kaneko, J. Pharm. Soc. Japan 80, 1357 (1960); Chem. Abstr. 55, 6511 (1961).
571) H. Kaneko, J. Pharm. Soc. Japan 80, 1374 (1960); Chem. Abstr. 55, 6512 (1961).
571a) H.-G. Boit, Ergebnisse der Alkaloidchemie bis 1960, Akademie-Verlag, Berlin 1961.

XI

Alkaloide vom Corynanthein-Typ

Alkaloide vom Corynanthein-Typ

Name	Strukturformel	Vorkommen	Konst.	Schm	pKa	Dreh.	IR.	NMR.	Mass.	UV.	Synth.
Corynanthein $C_{22}H_{26}O_3N_2$ abs. K.	(structure)	Corynanthe yohimbe 572) Pseudocinchona africana 574)	575) 576) 577) 578) 592) 594)	anhy. 172-174° 575)	6,65 80% MCS 573)	+28° MTN 575)	576) 584) 595)			MTN 227(4,64) 280(3,82) 291(3,80) 576), 579) 580), 595)	581)(B) 582)(B)
Dihydro-corynanthein $C_{22}H_{28}O_3N_2$ abs. K.	(structure)	Corynanthe yohimbe 573)575) Pseudocinchona africana 575)	575) 577) 578) 592)	177-178° 575)	7,17 80% MCS 573)	+26° MTN 575)					589)
Corynan-theidin $C_{22}H_{28}O_3N_2$ abs. K.	(structure)	Pseudocinchona africana 583)	577) 578) 585) 592)	117° 583)		-142° MTN 583)	584) 585)			ATN 225(4,59) 280(3,93) 585)	
Melinonin B $C_{20}H_{27}ON_2^+$	(structure)	Strychnos melinoniana 586)587)	588)	Cl⁻ 311° 588) Pikr. 253-255° 587)		Cl⁻ -15° MTN 588)	588)			Cl⁻ ATN ~222(4,6) ~270(3,8) 586)	

572) P. Karrer und H. Salomon, Helv. Chim. Acta 9, 1059 (1926).
573) A. Blumenthal, C.H. Eugster und P. Karrer, Helv. Chim. Acta 37, 787 (1954).
574) Raymond-Hamet, Compt. rend. hebd. Séances Acad. Sci. 197, 860 (1933).
575) P. Karrer, R. Schwyzer und A. Flam, Helv. Chim. Acta 35, 851 (1952).
576) M.-M. Janot und R. Goutarel, Bull. Soc. Chim. France 1951, 588.
577) M.F. Bartlett, R. Sklar, W.I. Taylor, E. Schlittler, R.L.S. Amai, P. Beak, N.V. Bringi und E. Wenkert, J. Amer. Chem. Soc. 84, 622 (1962).
578) E.E. v. Tamelen, P.E. Aldrich und T.J. Katz, Chem. and Ind. 1956, 793.
579) Raymond-Hamet, Compt. rend. hebd. Séances Acad. Sci. 247, 1387 (1958).
580) A. Chatterjee und P. Karrer, Helv. Chim. Acta 33, 802 (1950).
581) J.B. Hendrickson und R.A. Silva, J. Amer. Chem. Soc. 84, 643 (1962).
582) R.B. Woodward, Angew. Chem. 68, 13 (1956).
583) M.-M. Janot und R. Goutarel, Compt. rend. hebd. Séances Acad. Sci. 218, 852 (1944).
584) E. Wenkert und D.K. Roychaudhuri, J. Amer. Chem. Soc. 78, 6417 (1956).
585) M.-M. Janot, R. Goutarel und J. Chabasse-Massonneau, Bull. Soc. Chim. France 1953, 1033.
586) E. Schlittler und J. Hohl, Helv. Chim. Acta 35, 29 (1952).
587) E. Bächli, C. Vamvacas, H. Schmid und P. Karrer, Helv. Chim. Acta 40, 1167 (1957).
588) C. Vamvacas, W. v. Philipsborn, E. Schlittler, H. Schmid und P. Karrer, Helv. Chim. Acta 40, 1793 (1957).
589) E.E. v. Tamelen und J.B. Hester, J. Amer. Chem. Soc. 81, 3805 (1959).
590) R. Goutarel, M.-M. Janot, A. Le Hir, H. Corrodi und V. Prelog, Helv. Chim. Acta 37, 1805 (1954).
591) A. Stoll, A. Hofmann und R. Brunner, Helv. Chim. Acta 38, 270 (1955).
592) M.-M. Janot, R. Goutarel, A. Le Hir, G. Tsatsas und V. Prelog, Helv. Chim. Acta 38, 1073 (1955).

- 64 -

Name	Strukturformel	Vorkommen	Konst.	Schm.	pKa	Dreh.	IR.	NMR.	Mass.	UV.	Synth.
Dihydro-corynantheol (Marcgravianin) 595) $C_{19}H_{26}ON_2$ abs. K.	(structure: N(b)-containing tetracyclic indole with CH₂–CH₂OH and ethyl substituents)	Aspidosperma auriculatum 596) Aspidosperma marcgravianum 596)	588) 596)	181–183° 596)		-19° CRF 596) —— -34° PRD 596)	595) 596)	596)	596)	ATN 226(4,56) 281(3,87) 290$_s$(3,80) 595), 596)	588) 590) 591) 592)
Dihydro-corynantheol-methochlorid $C_{20}H_{29}ON_2Cl$ abs. K.	N$_{(b)}$-Methyl-corynan-theol-chlorid	Hunteria eburnea 597)	588) 597)	272–273° (Z.) 588)		+63° WS-MTN 588)					588)
Geissolosimin	vgl. Strychnos-Alkaloide										
Geissospermin	vgl. Strychnos-Alkaloide										

593) H. Rapoport, R. J. Windgassen, N. A. Hughes und T. P. Onak, J. Amer. Chem. Soc. 82, 4404 (1960).
594) P. Karrer und P. Enslin, Helv. Chim. Acta 32, 1390 (1949).
595) N. Neuss, Physical Data of Indole and Dihydroindole alkaloids, Ely Lilly and Company, Indianapolis 6, Indiana, U.S.A., Edn. 1954, 1956, 1960, 1961, 1962.
596) B. Gilbert, L. D. Antonaccio und C. Djerassi, J. Org. Chem. 27, 4702 (1962).
597) J. D. M. Asher, J. M. Robertson, G. A. Sim, M. F. Bartlett, R. Sklar und W. I. Taylor, Proc. Chem. Soc. 1962, 72.

XII

C-Mavacurin- C-Fluorocurin-Gruppe

C-Mavacurin-C-Fluorocurin-Gruppe

Name	Strukturformel	Vorkommen	Konst.	Schm.	pKa	Dreh.	IR.	NMR.	Mass.	UV.	Synth.
C-Mavacurin $C_{20}H_{25}ON_2^+$	rel. Konf.	*)	598) 612a)	Pikr. 172-176° 599)		J⁻ +246° ACT-WS 1:1 612a)	600)			Cl⁻ WS ~225 ~278 599), 600) 601)	602)(B) 600)
C-Fluoro-curin $C_{20}H_{25}O_2N_2^+$	rel. Konf.	**)	598) 612a)	Pikr. 179° 610)		J⁻ +326° MTN 610)	600)			J⁻ WS ~230(4,7) ~270(3,8) ~310(2,7) ~420(3,7) 599), 606) 610), 611)	611)
C-Profluoro-curin (C-Alk. Y) 611) $C_{20}H_{27}O_3N_2^+$	rel. Konf.	Calebassen-Curare 612) Strychnos toxifera 608)	598) 612a)							Cl⁻ WS 210 250 295 611), 612)	611)

*) C-Mavacurin-Vorkommen: Calebassen-Curare 607), Strychnos amazonica 603), S. divaricans 604), S. macrophylla 605), S. melinoniana 609), S. mitscherlichii 604), S. subcordata 606), S. toxifera 608).

**) C-Fluorocurin-Vorkommen: Calebassen-Curare 610), Strychnos macrophylla 605), S. melinoniana 609), S. mitscherlichii (S. smilacina) 604), S. subcordata 606), S. toxifera 608).

598) H. Bickel, H. Schmid und P. Karrer, Helv. Chim. Acta 38, 649 (1955).
599) J. Kebrle, H. Schmid, P. Waser und P. Karrer, Helv. Chim. Acta 36, 102 (1953).
600) H. Bickel, E. Giesbrecht, J. Kebrle, H. Schmid und P. Karrer, Helv. Chim. Acta 37, 553 (1954).
601) G. B. Marini-Bettòlo, P. de Berredo Carneiro und G. C. Casinovi, Gazz. Chim. Ital. 86, 1148 (1956).
602) R. B. Woodward, Angew. Chem. 68, 13 (1956).
603) C. G. Casinovi, Gazz. Chim. Ital. 87, 1174 (1957).
604) G. B. Marini-Bettòlo, M. A. Jorio, A. Pimenta, A. Ducke und D. Bovet, Gazz. Chim. Ital. 84, 1161 (1954).
605) M. A. Jorio, O. Corvillon, H. Magalhães Alves und G. B. Marini-Bettòlo, Gazz. Chim. Ital. 86, 923 (1956).
606) A. Penna, M. A. Jorio, S. Chiavarelli und G. B. Marini-Bettòlo, Gazz. Chim. Ital. 87, 1163 (1957).
607) Th. Wieland und H. Merz, Chem. Ber. 85, 731 (1952).
608) H. Asmis, H. Schmid und P. Karrer, Helv. Chim. Acta 37, 1983 (1954).
609) E. Bächli, C. Vamvacas, H. Schmid und P. Karrer, Helv. Chim. Acta 40, 1167 (1957).
610) H. Schmid und P. Karrer, Helv. Chim. Acta 30, 2081 (1947).
611) H. Fritz, Th. Wieland und E. Besch, Liebigs Ann. Chem. 611, 268 (1958).
612) H. Asmis, E. Bächli, E. Giesbrecht, J. Kebrle, H. Schmid und P. Karrer, Helv. Chim. Acta 37, 1968 (1954).
612a) unveröffentlicht.

XIII

Alkaloide vom Sarpagin - Ajmalin-Typ

Bezüglich der abs. Konf. vgl. 656a), 670).

Alkaloide vom Sarpagin-Ajmalin-Typ

Name	Strukturformel	Vorkommen	Konst.	Schm.	pKa	Dreh.	IR.	NMR.	Mass.	UV.	Synth.
Sarpagin (Raupin) 613) $C_{19}H_{22}O_2N_2$			615) 616) 617) 618) 619)	325° (Z.) 620) 621) 340-344° (Z.) 614)		+54° PRD 621)	622) 623)		615) 624) 625)	ATN 230(4,30) 278(3,92) 613), 621) 622), 623) 626), 633)	
Neosarpagin $C_{19}H_{22}O_2N_2$		Rauwolfia micrantha 636)	636)	390° (Z.) 636)			636)			227 273 291$_s$ identisch mit Sarpagin 636)	
Lochnerin (Alkal. C) 638) (C-Alk. T) 639) $C_{20}H_{24}O_2N_2$		Calebassen-Curare 639) Lochnera (Vinca) rosea 638)640)	616) 618) 639)	203-204° ATN 639)		+72° ATN 639) +52° PRD 639)	618) 623) 639) 640)			ATN 228(4,45) 280(3,94) 623), 639) 640)	618) 619) 641)
Lochneram $C_{21}H_{27}O_2N_2^+$ $N_{(b)}$-Methylsarpagin-O-methyläther		Calebassen-Curare 641)	616) 641)	J$^-$ 235-238°		J$^-$ +41° ATN 641)				J$^-$ ATN 217(4,71) 271(3,99) 641)	641)

*) Sarpagin-Vorkommen: Rauwolfia beddomei 631), R. canescens 614), R. decurva 632), R. densiflora 628), R. heterophylla 634), R. indecora 634), R. ligustrina 630), R. perakensis 627), R. serpentina 620)621)629), R. vomitoria 622), Vinca difformis 633), V. major 635).

613) K. Bodendorf und H. Eder, Chem. Ber. 87, 818 (1954).
614) J. Keck, Naturwissenschaften 42, 391 (1955).
615) K. Biemann, J. Amer. Chem. Soc. 83, 4801 (1961).
616) M. F. Bartlett, R. Sklar, W. I. Taylor, E. Schlittler, R. L. S. Amai, P. Beak, N. V. Bringi und E. Wenkert, J. Amer. Chem. Soc. 84, 622 (1962).
617) M. F. Bartlett, R. Sklar und W. I. Taylor, J. Amer. Chem. Soc. 82, 3790 (1960).
618) J. Poisson, J. Le Men und M-M. Janot, Bull. Soc. Chim. France 1957, 610.
619) D. Stauffacher, A. Hofmann und E. Seebeck, Helv. Chim. Acta 40, 508 (1957).
620) K. Bodendorf und H. Eder, Naturwissenschaften 40, 342 (1953).
621) A. Stoll und A. Hofmann, Helv. Chim. Acta 36, 1143 (1953).
622) J. Poisson und R. Goutarel, Bull. Soc. Chim. France 1956, 1703.
623) N. Neuss, Physical Data of Indole and Dihydroindole alkaloids, Ely Lilly and Company, Indianapolis 6, Indiana, U.S.A., Edn. 1954, 1956, 1960, 1961, 1962.
624) K. Biemann, Mass Spectrometry, McGraw-Hill, New York 1962.
625) K. Biemann, Tetrahedron Letters 15, 9 (1960).
626) Raymond-Hamet, Compt. rend. hebd. Séances Acad. Sci. 237, 1435 (1953).
627) A. K. Kiang und A. S. C. Wan, J. Chem. Soc. 1960, 1394.
628) S. Bhattacharji, M. M. Dhar und M. L. Dhar, J. Sci. Ind. Res. (India) 21 B, 454 (1962).
629) A. Stoll und A. Hofmann, Soc. Biol. Chemists, India 1955, 248.
630) J. M. Müller, Experientia 13, 479 (1957).
631) S. Bose, S. K. Talapatra und A. Chatterjee, J. Indian Chem. Soc. 33, 379 (1956).
632) C. K. Atal, J. Amer. Pharm. Assoc., Sci. Edn. 48, 37 (1959).
633) M-M. Janot, J. Le Men und C. Fan, Ann. Pharm. Franc. 15, 513 (1957).
634) M. Ishidate, M. Okada und K. Saito, Pharm. Bull. (Japan) 3, 319 (1955); Chem. Abstr. 50, 13369 (1956).
635) N. R. Farnsworth, Diss. Abstracts 20, 3266 (1960).
636) P. P. Pillay, D. S. Rao und S. B. Rao, J. Sci. Ind. Res. (India) 19 B, 135 (1960).
637) J. Gosset, J. Le Men und M-M. Janot, Ann. Pharm. Franc. 20, 448 (1962).
638) M.-M. Janot und J. Le Men, Compt. rend. hebd. Séances Acad. Sci. 243, 1789 (1956).
639) W. Arnold, W. v. Philipsborn, H. Schmid und P. Karrer, Helv. Chim. Acta 40, 705 (1957).

Name	Strukturformel	Vorkommen	Konst.	Schm.	pKa	Dreh.	IR.	NMR.	Mass.	UV.	Synth.
Vellosimin $C_{19}H_{20}ON_2$		Geissospermum vellosii 642)	642)	305-306° 642)		+48° MTN 642)	642)	642)		ATN 280(3,90) 289(3,81) 642)	
Normacusin B (Vellosiminol) 642) (Tombozin) 644) $C_{19}H_{22}ON_2$	abs. K.	Aspidosperma polyneuron 643) Diplorrhynchus condylocarpon ssp. mossambicensis 644) Geissospermum vellosii 642)	616) 642) 643) 644)	233-235° + 273-275° 642)		+36° MTN 642) +38° ATN 644) +28 PRD 643)	623) 644)		643)	MTN 222(4,60) 272$_s$(3,85) 280(3,87) 289(3,77) 623),643) 644)	642) 643)
Macusin B $C_{20}H_{25}ON_2^+$		Strychnos toxifera 645)	645)	Cl$^-$ 248-249° (Z.) 645)		Cl$^-$ +16° WS 645)	645)			Cl$^-$ WS 222(4,61) 273(3,84) 280(3,82) 291(3,74) 645)	
Polyneuridin $C_{21}H_{24}O_3N_2$		Aspidosperma polyneuron 643)646)	643) 646)	240° 646)	6,60 66 % DMF 643)	-69° PRD 646) 0° MTN 646) +1° CRF 643)	623) 643)	643)	643)	ATN 228(4,51) 281(3,82) 623),643) 646)	646)
Voachalotin $C_{22}H_{26}O_3N_2$		Voacanga chalotiana 652)	646) 653)	223-224° 652)	5,97 80 % MCS 653)	-3° CRF 652)	623) 652) 654)	654)		MTN 229(4,56) 284(3,83) 623),652) 654)	
Macusin A $C_{22}H_{27}O_3N_2^+$		Strychnos toxifera 645)	655) 656a)	Cl$^-$ 252° (Z.) 645)		Cl$^-$ -58° WS 645)	645)			J$^-$ WS 222(4,73) 273(3,84) 277(3,84) 288(3,71) 645)	

Name	Strukturformel	Vorkommen	Konst.	Schm.	pKa	Dreh.	IR.	NMR.	Mass.	UV.	Synth.
Akuammidin (Rhazin) 643) 647) $C_{21}H_{24}O_3N_2$		Picralima nitida (klaineana) 647) 648) Rhazya stricta 649) Vinca difformis 637)	646) 647) 650) 651)	249° 648)		+21° ATN 648) --- +1° ACT 648) --- ±0° CRF 649)	623) 649)	650)	643)	ATN 227(4,51) 280(3,83) 290(3,72) 623), 649) 656), 681)	
Tetra- phyllicin (Serpinin) 658) $C_{20}H_{24}ON_2$		*)	616) 657) 658)	320- 322° 657)	8,5 657)	+21° PRD 657)	623) 657) 659)			ATN 250(4,07) 294(3,60) 623), 657) 659), 665) 667)	657) 658) 668)
Vincamedin $C_{24}H_{28}O_4N_2$		Vinca difformis 660)662) Vinca major 661)	646) 661) 663) 664)	185° 633)		-66° CRF 660)	623) 660)		664)	MTN 249(3,94) 294(3,47) 623), 633) 660)	
Rauvomitin $C_{30}H_{34}O_5N_2$		Rauwolfia vomitoria 668)669)	616) 658)	115- 117° 668)		-173° CRF 668)	623) 669)			MTN 208(4,76) 252(4,19) 623), 668)	

*) Tetraphyllicin-Vorkommen: Rauwolfia degeneri 665), R. mauiensis 665), R. sandwicensis 665), R. sellowii 666), R. serpentina 659), R. tetraphylla 657)667).

640) W. B. Mors, P. Zaltzman, J. J. Beereboom, S. C. Pakrashi und C. Djerassi, Chem. and Ind. 1956, 173.
641) W. Arnold, F. Berlage, K. Bernauer, H. Schmid und P. Karrer, Helv. Chim. Acta 41, 1505 (1958).
642) H. Rapoport und R. E. Moore, J. Org. Chem. 27, 2981 (1962).
643) L. D. Antonaccio, N. A. Pereira, B. Gilbert, H. Vorbrueggen, H. Budzikiewicz, J. M. Wilson, L. J. Durham und C. Djerassi, J. Amer. Chem. Soc. 84, 2161 (1962).
644) D. Stauffacher, Helv. Chim. Acta 44, 2006 (1961).
645) A. R. Battersby, R. Binks, H. F. Hodson und D. A. Yeowell, J. Chem. Soc. 1960, 1848.
646) M.-M. Janot, J. Le Men, J. Gosset und J. Lévy, Bull. Soc. Chim. France 1962, 1079.
647) S. Silvers und A. Tulinsky, Tetrahedron Letters 1962, 339.
648) T. A. Henry, J. Chem. Soc. 1932, 2759.
649) A. Chatterjee, C. R. Ghosal, N. Adityachaudhury und S. Ghosal, Chem. and Ind. 1961, 1034.
650) A. Chatterjee, C. R. Ghosal und N. Adityachaudhury, J. Sci. Ind. Res. (India) 21 B, 147 (1962).
651) J. Lévy, J. Le Men und M.-M. Janot, Compt. rend. hebd. Séances Acad. Sci. 253, 131 (1961).
652) J. Pecher, N. Defay, M. Gauthier, J. Peeters, R. H. Martin und A. Vandermeers, Chem. and Ind. 1960, 1481.
653) N. Defay, M. Kaisin, J. Pecher und R. H. Martin, Bull. Soc. Chim. Belg. 70, 475 (1961); Chem. Abstr. 57, 11254 (1962).
654) J. Pecher, R. H. Martin, N. Defay, M. Kaisin, J. Peeters, G. v. Binst, N. Verzele und F. Alderweireldt, Tetrahedron Letters 1961, 270.
655) A. T. McPhail, J. M. Robertson, G. A. Sim, A. R. Battersby, H. F. Hodson und D. A. Yeowell, Proc. Chem. Soc. 1961, 223.
656) M. F. Millson, R. Robinson und A. F. Thomas, Experientia 9, 89 (1953).
656a) A. T. McPhail, J. M. Robertson und G. A. Sim, J. Chem. Soc. 1963, 1832.
657) C. Djerassi, J. Fishman, M. Gorman, J. P. Kutney und S. C. Pakrashi, J. Amer. Chem. Soc. 79, 1217 (1957).
658) C. Djerassi, M. Gorman, S. C. Pakrashi und R. B. Woodward, J. Amer. Chem. Soc. 78, 1259 (1956).

Name	Strukturformel	Vorkommen	Konst.	Schm.	pKa	Dreh.	IR.	NMR.	Mass.	UV.	Synth.
Ajmalidin $C_{20}H_{24}O_2N_2$		Rauwolfia sellowii 666)	616) 657) 658) 665) 670)	241-242° 666)	6,3 80 % DMF 666)		623) 666) 671)			ATN 247(3,93) 295(3,46) 623), 666) 671)	
Vomalidin $C_{21}H_{26}O_3N_2$		Rauwolfia vomitoria 671)	671)	242-243° 671)	6,5 80 % MCS 671)	+318° CRF 671) +210° PRD 671)	623) 671)			MTN ~215(4,5) 253(3,92) 292(3,38) 623), 671)	
Ajmalin (Rauwolfin) 672) (Neoajmalin) 672) $C_{20}H_{26}O_2N_2$		*)	616) 670) 673) 674) 675) 676)	158-160° 678) 205-207° 674)	8,1 80 % DMF 666)	+119° CRF 614) +144° CRF 674)	623) 665) 672) 674) 680)	616) 624) 679)	615)	ATN 247(3,94) 295(3,49) 623), 626) 674), 681)	677) 602)(B) 682)(B) 683)(B) 684)(B) 685)(B) 686)(B) 707)(B)

*) Ajmalin-Vorkommen: Rauwolfia boliviana 689), R. canescens 614)629)687), R. chinensis 699), R. degeneri 665), R. densiflora 692), R. fruticosa 697), R. heterophylla (R. hirsuta) 678)708), R. indecora 634), R. ligustrina 690), R. micrantya 687), R. mombasiana 687), R. natalensis (R. caffra) 680), R. perakensis 627), R. schueli 688), R. sellowii 666)693)694), R. serpentina 687)695)696)698), R. sumatrana 697), R. tetraphylla 657)687), R. vomitoria 687)691), R. welwitschii (R. caffra) 687), Tonduzia longifolia 709).

659) S. Bose, Naturwissenschaften 42, 71 (1955).
660) M.-M. Janot, J. Le Men und Y. Hammouda, Compt. rend. hebd. Séances Acad. Sci. 243, 85 (1956).
661) J. Trojánek und J. Hodková, Coll. Czech. Chem. Comm. 27, 2981 (1962).
662) M. Gabbai, Dissertation Universität Paris 1958; zitiert bei O. Štrouf und K. Kavková, Chem. Listy 56, 987 (1962).
663) J. Gosset, J. Le Men und M.-M. Janot, Bull. Soc. Chim. France 1961, 1033.
664) M. Gorman, A. L. Burlingame und K. Biemann, Tetrahedron Letters 1963, 39.
665) M. Gorman, N. Neuss, C. Djerassi, J. P. Kutney und P. J. Scheuer, Tetrahedron 1, 328 (1957).
666) S. C. Pakrashi, C. Djerassi, R. Wasicky und N. Neuss, J. Amer. Chem. Soc. 77, 6687 (1955).
667) C. Djerassi und J. Fishman, Chem. and Ind. 1955, 627.
668) E. Haack, A. Popelak und H. Spingler, Naturwissenschaften 42, 627 (1955).
669) J. Poisson, R. Goutarel und M.-M. Janot, Compt. rend. Séances Acad. Sci. 241, 1840 (1955).
670) M. F. Bartlett, E. Schlittler, R. Sklar, W. I. Taylor, R. L. S. Amai und E. Wenkert, J. Amer. Chem. Soc. 82, 3792 (1960).
671) A. Hofmann und A. J. Frey, Helv. Chim. Acta 40, 1866 (1957).
672) A. Chatterjee, S. C. Pakrashi und G. Werner, Fortschritte der Chemie organ. Naturstoffe 13, 346 (1956).
673) M. F. Bartlett, B. F. Lambert, H. M. Werblood und W. I. Taylor, J. Amer. Chem. Soc. 85, 475 (1963).
674) F. A. L. Anet, D. Chakravarti, R. Robinson und E. Schlittler, J. Chem. Soc. 1954, 1242.
675) R. Robinson, Festschrift Arthur Stoll, Birkhäuser-Verlag, Basel 1957.
676) R. Robinson, Angew. Chem. 69, 40 (1957).
677) E. Leete und S. Ghosal, Tetrahedron Letters 1962, 1179.
678) C. Djerassi, M. Gorman, A. L. Nussbaum und J. Reynoso, J. Amer. Chem. Soc. 76, 4463 (1954).
679) G. Spiteller und M. Spiteller-Friedmann, Tetrahedron Letters 1963, 147.
680) B. O. G. Schuler und F. L. Warren, J. Chem. Soc. 1956, 215.
681) R. Robinson und A. F. Thomas, J. Chem. Soc. 1954, 3522.
682) P. N. Edwards und E. Leete, Chem. and Ind. 1961, 1666.
683) E. Leete, Tetrahedron 14, 35 (1961).
684) E. Leete, Chem. and Ind. 1960, 692.
685) E. Leete, J. Amer. Chem. Soc. 82, 6338 (1960).
686) E. Leete, S. Ghosal und P. N. Edwards, J. Amer. Chem. Soc. 84, 1068 (1962).
687) W. E. Court, W. C. Evans und G. E. Trease, J. Pharm. Pharmacol. 10, 380 (1958).
688) G. Iacobucci und V. Deulofeu, J. Org. Chem. 22, 94 (1957).
689) G. Iacobucci und V. Deulofeu, Anales asoc. quím. arg. 46, 143 (1958); Chem. Abstr. 53, 3595 (1959).
690) J. M. Müller, Experientia 13, 479 (1957).
691) R. Paris, Ann. Pharm. Franc. 1, 138 (1943).
692) A. Chatterjee und S. Talapatra, Naturwissenschaften 42, 182 (1955).
693) R. A. Seba, J. S. Campos und J. G. Kuhlmann, Bol. inst. vital Brazil 5, 175 (1954); Chem. Abstr. 49, 14 270 (1955).
694) F. A. Hochstein, J. Amer. Chem. Soc. 77, 5744 (1955).
695) L. v. Itallie und A. J. Steenhauer, Arch. Pharm. 270, 313 (1932).
696) H. Kaneko, R. Fujiimoto, K. Namba und N. Ikeda, J. Pharm. Soc. Japan 82, 1489 (1962).
697) N. A. Chaudhury und A. Chatterjee, J. Sci. Ind. Res. (India) 18 B, 130 (1959).
698) S. Siddiqui und R. H. Siddiqui, J. Indian Chem. Soc. 8, 667 (1931); Chem. Zentr. 1932 I, 244.
699) K. Yamaguchi und H. Shoji, Eisei Shikenjo Hokoku 76, 99 (1958); Chem. Abstr. 53, 17419 (1959).

Name	Strukturformel	Vorkommen	Konst.	Schm.	pKa	Dreh.	IR.	NMR.	Mass.	UV.	Synth.
Sandwicin $C_{20}H_{26}O_2N_2$		Rauwolfia mauiensis 665) Rauwolfia sandwicensis 665)	616) 665)	amph. 665) .2HCl 210-213° 665)	8,5 66 % DMF 665)	+171° MTN 665) +180° CRF 665)	623) 665)			ATN 246(3,91) 292(3,46) 623),665)	
Isoajmalin (Isorauwolfin) 672) $C_{20}H_{26}O_2N_2$		Rauwolfia serpentina 700) Rauwolfia vomitoria 691)	616) 670) 676)	264-266° 700)	8,05 674)	+72° CRF 674)	674)			.HCl ATN 248(~3,95) 289(~3,45) 626),674)	674)
Quebrachidin $C_{21}H_{24}O_3N_2$		Aspidosperma quebracho-blanco 664)	664)	276-278° 664)	6,7 664)	+54° CRF 664)	664)	664)	664)	ATN 242(3,81) 290(3,47) 664)	
Vincamajin $C_{22}H_{26}O_3N_2$		Tonduzia longifolia 701) Vinca difformis 662) Vinca major 702)	646) 661) 663) 664)	225-226° 701) .HCl 250-257° (Z.) 701)		-55° ATN 663)	623) 701) 702)			MTN 246(3,92) 291(3,47) 623),702)	646)
Vomilenin $C_{21}H_{22}O_3N_2$		Rauwolfia vomitoria 671)703)	703)	207° 703)		-72° PRD 703)	703) 710)	703)		ATN 218(4,35) 257(3,74) 703),710)	

700) S. Siddiqui, J. Indian Chem. Soc. 16, 421 (1939); Chem. Zentr. 1940 II, 2469.
701) S. Goodwin und E. C. Horning, Chem. and Ind. 1956, 846.
702) M.-M. Janot und J. Le Men, Compt. rend. hebd. Séances Acad. Sci. 241, 767 (1955).
703) W. I. Taylor, A. J. Frey und A. Hofmann, Helv. Chim. Acta 45, 611 (1962).

Name	Strukturformel	Vorkommen	Konst.	Schm.	pKa	Dreh.	IR.	NMR.	Mass.	UV.	Synth.
Perakin $C_{21}H_{22}O_3N_2$	Naturprodukt (?) 703)	Rauwolfia perakensis 627)	703) 704)	185° 703)	5,01 80 % MCS 704)	+112° CRF 703)	623) 704) 627)	704)		ATN 219(4,35) 258(3,71) 623), 627) 703), 704)	703)
Rauwolfinin $C_{20}H_{26}O_2N_2$		Rauwolfia serpentina 705)	706)	235-236° (Z.) 705)		-35° ATN 672)	623) 672)	706)		MTN 249(3,93) 292(3,45) 623), 626) 672)	706)(B)

704) P. R. Ulshafer, M. F. Bartlett, L. Dorfman, M. A. Gillen, E. Schlittler und E. Wenkert, Tetrahedron Letters 1961, 363.
705) A. Chatterjee und S. Bose, Science and Culture 17, 139 (1951); Chem. Zentr. 1953, 1686.
706) A. Chatterjee und S. Bose, J. Indian Chem. Soc. 38, 403 (1961).

707) A. R. Battersby, Quart. Rev. 15, 259 (1961).
708) F. A. Hochstein, K. Murai und W. H. Boegemann, J. Amer. Chem. Soc. 77, 3551 (1955).
709) A. F. St. André, B. Korzun und F. Weinfeldt, J. Org. Chem. 21, 480 (1956).

XIV

Alkaloide vom Yohimbin-Typ

Bezüglich der abs. Konf. vgl. 726), 728), 897).

Alkaloide vom Yohimbin-Typ

Name	Strukturformel	Vorkommen	Konst.	Schm.	pKa	Dreh.	IR.	NMR.	Mass.	UV.	Synth.
Sempervirin $C_{19}H_{16}N_2$		Gelsemium elegans 712) Gelsemium sempervirens 713) Mostuea buchholzii 714) Mostuea stimulans 720)	711)	NO_3^- 258-260° 714)	10,6 711)		710) 711) 715) 716)			ATN 243(4,58) 249(4,57) 297(4,20) 345(4,26) 387(4,24) 710), 715) 716), 718) 719)	715) 717) 719) 722)
Melinonin E $C_{20}H_{23}ON_2^+$		Strychnos melinoniana 716)	716)	Pikr. 121-122° + 216-219° (Z.) 716)			716)			$\cdot HClO_4$ ATN ~210(4,4) ~255(4,5) ~315(4,4) ~370(3,7) 716)	
Yohimbol-methochlorid $C_{20}H_{27}ON_2Cl$		Hunteria eburnea 724)	724)	264-265° 723)		+53° MTN 723)					723)

---

710) N. Neuss, Physical Data of Indole and Dihydroindole alkaloids, Ely Lilly and Company, Indianapolis 6, Indiana, U.S.A., Edn. 1954, 1956, 1960, 1961, 1962.
711) R.B. Woodward und B. Witkop, J. Amer. Chem. Soc. 71, 379 (1949).
712) M.-M. Janot, R. Goutarel und M.C. Perezamador y Barron, Ann. Pharm. Franc. 11, 602 (1953).
713) A.E. Stevenson und L.E. Sayre, J. Amer. Pharm. Assoc. 4, 1458 (1915); Chem. Abstr. 10, 804 (1916).
714) E. Gellért und H. Schwarz, Helv. Chim. Acta 34, 779 (1951).
715) A. Le Hir, R. Goutarel und M.-M. Janot, Bull. Soc. Chim. France 1954, 866.
716) E. Bächli, C. Vamvacas, H. Schmid und P. Karrer, Helv. Chim. Acta 40, 1167 (1957).
717) G.A. Swan, J. Chem. Soc. 1958, 2038.
718) N.A. Hughes und H. Rapoport, J. Amer. Chem. Soc. 80, 1604 (1958).
719) Y. Ban und M. Seo, Tetrahedron 16, 11 (1961).
720) R. Paris und H. Moyse-Mignon, Compt. rend. hebd. Séances Acad. Sci. 229, 86 (1949).
721) M.-M. Janot, J. Le Men und Y. Hammouda, Ann. Pharm. Franc. 14, 341 (1956).
722) R.B. Woodward und W.M. McLamore, J. Amer. Chem. Soc. 71, 379 (1949).
723) M.F. Bartlett, B. Korzun, R. Sklar, A.F. Smith und W.I. Taylor, J. Org. Chem. 28, 1445 (1963).
724) J.D.M. Asher, J.M. Robertson, G.A. Sim, M.F. Bartlett, R. Sklar und W.I. Taylor, Proc. Chem. Soc. 1962, 72.
725) B. Witkop, Liebigs Ann. Chem. 554, 83 (1943).

Name	Strukturformel	Vorkommen	Konst.	Schm.	pKa	Dreh.	IR.	NMR.	Mass.	UV.	Synth.
Yohimbin (Quebrachin) 721) $C_{21}H_{26}O_3N_2$ abs. K.		*)	725) 726) 727) 728) 729) 730) 782)	235-236° 726) 241-243° (Z.) 730)	7,13 730)	+47° ATN 731) +106° PRD 726)	710) 721) 732) 733) 734)		736)	MTN 226(4,56) 280(3,88) 291(3,80) 710), 730) 737)	738) 739) 740) 707)(B) 741)(B) 742)(B) 743)(B) 744)(B) 745)(B)

*) Yohimbin-Vorkommen: Alchornea floribunda [759], A. hirtella (?) [759], Aspidosperma discolor [735], A. peroba [727a], A. polyneuron (?) [747], A. quebracho-blanco [750)751)752], Corynanthe macroceras (Pausinystalia macroceras) [760)762], Corynanthe paniculata [761], C. yohimbe (Pausinystalia yohimba) [763], Diplorrhynchus condylocarpon ssp. mossambicensis [746], Rauwolfia amsoniaefolia [748], R. canescens [755)756], R. fruticosa [749], R. heterophylla (R. hirsuta) [764)765], R. ligustrina [757], R. serpentina [732], R. sumatrana [749)754], R. vomitoria [753], Vinca (Lochnera) lancea [721)758].

726) M.-M. Janot, R. Goutarel, E.W. Warnhoff und A. Le Hir, Bull. Soc. Chim. France 1961, 637.
727) Y. Ban und O. Yonemitsu, Tetrahedron Letters 1962, 181.
727a) N.G. Bisset, Ann. Bogoriensis 3, 105 (1958).
728) Y. Ban und O. Yonemitsu, Chem. and Ind. 1961, 948.
729) C. Djerassi, R. Riniker und B. Riniker, J. Amer. Chem. Soc. 78, 6362 (1956).
730) M.-M. Janot, R. Goutarel, A. Le Hir, M. Amin und V. Prelog, Bull. Soc. Chim. France 1952, 1085.
731) F.E. Bader, D.F. Dickel und E. Schlittler, J. Amer. Chem. Soc. 76, 1695 (1954).
732) A. Hofmann, Helv. Chim. Acta 37, 849 (1954).
733) E. Wenkert und D.K. Roychaudhuri, J. Amer. Chem. Soc. 78, 6417 (1956).
734) F.E. Bader, Helv. Chim. Acta 36, 215 (1953).
735) N. Dastoor und H. Schmid, Experientia 19, 297 (1963).
736) L.D. Antonaccio, N.A. Pereira, B. Gilbert, H. Vorbrueggen, H. Budzikiewicz, J.M. Wilson, L.J. Durham und C. Djerassi, J. Amer. Chem. Soc. 84, 2161 (1962).
737) N.J. Leonard und R.C. Elderfield, J. Org. Chem. 7, 556 (1942).
738) D.R. Liljegren und K.T. Potts, Proc. Chem. Soc. 1960, 340.
739) D.R. Liljegren und K.T. Potts, J. Org. Chem. 27, 377 (1962).
740) E.E. v. Tamelen, M. Shamma, A.W. Burgstahler, J. Wolinsky, R. Tamm und P.E. Aldrich, J. Amer. Chem. Soc. 80, 5006 (1958).
741) J. Harley-Mason und W.R. Waterfield, Chem. and Ind. 1960, 1477.
742) J. Harley-Mason und W.R. Waterfield, Tetrahedron 19, 65 (1963).
743) R.B. Woodward, Angew. Chem. 68, 13 (1956).
744) J.J. Tufariello, Diss. Abstracts 22, 3861 (1962).
745) H.K. Schnoes, A.L. Burlingame und K. Biemann, Tetrahedron Letters 1962, 993.
746) D. Stauffacher, Helv. Chim. Acta 44, 2006 (1961).
747) J. Schmutz und H. Lehner, Helv. Chim. Acta 42, 874 (1959).
748) R.M. Bernal, A. Villegas-Castillo und O.P. Espejo, Experientia 16, 353 (1960).
749) N.A. Chaudhury und A. Chatterjee, J. Sci. Ind. Res. (India) 18 B, 130 (1959).
750) P. Tunmann und J. Rachor, Naturwissenschaften 47, 471 (1960).
751) K. Biemann, M. Friedmann-Spiteller und G. Spiteller, Tetrahedron Letters 1961, 485.
752) O. Hesse, Liebigs Ann. Chem. 211, 249 (1882).
753) E. Haack, A. Popelak und H. Spingler, Naturwissenschaften 43, 328 (1956).

Name	Strukturformel	Vorkommen	Konst.	Schm.	pKa	Dreh.	IR.	NMR.	Mass.	UV.	Synth.
α-Yohimbin (Corynanthidin) 768) (Isoyohimbin) 769) (Mesoyohimbin) 766) (Rauwolscin) 767) $C_{21}H_{26}O_3N_2$		Alstonia constricta 767) Corynanthe yohimbe 766)775)776) 777)778) Pseudocinchona africana 772) Rauwolfia canescens 773)774) R. heterophylla (R. hirsuta) 764) R. hirsuta (R. canescens) 770) R. ligustrina 757) R. serpentina 771) R. sumatrana 749) R. vomitoria 753)	726) 779) 780) 781) 783)	243- 244° 779)	6,34 779)	-27° ATN 779) -18° PRD 779)	710) 733) 771) 779) 784)		736)	MTN 226(4,55) 281(3,93) 291(3,78) 710), 771) 779), 785)	777) 783) 784) 786) 787) 788) 817)
β-Yohimbin (Amsonin) 789) $C_{21}H_{26}O_3N_2$		*)	726) 790)	236- 237° (Z.) 790) 246- 249° 791)	6,71 790)	-18° ATN 789) 790) -48° PRD 791)	710) 733) 790)		736) 792)	ATN 226(4,56) 283(3,88) 290(3,81) 710), 790) 791), 792)	788) 793) 817)

*) β-Yohimbin-Vorkommen: Amsonia elliptica 794)795), Aspidosperma-Art 736), A. oblongum 792), Corynanthe yohimbe 775), Diplorrhynchus condylocarpon ssp. mossambicensis 746), Rauwolfia canescens 756)791).

754) H. Kaneko, R. Fujimoto, K. Namba und N. Ikeda, J. Pharm. Soc. Japan 82, 1489 (1962).
755) E. Haack, A. Popelak, H. Spingler und F. Kaiser, Naturwissenschaften 41, 479 (1954).
756) A. Stoll und A. Hofmann, Soc. Biol. Chemists, India 1955, 248.
757) J. M. Müller, Experientia 13, 479 (1957).
758) M.-M. Janot, J. Le Men und Y. Gabbai, Ann. Pharm. Franc. 15, 474 (1957).
759) R. Paris und R. Goutarel, Ann. Pharm. Franc. 16, 15 (1958).
760) L. Tihon, Bull. agric. Congo belge 43, 797 (1952); Chem. Zentr. 1953, 4907.
761) Raymond-Hamet, J. Pharmac. Chim. 19, 209 (1934).
762) J. Herzog, Ber. dtsch. pharm. Ges. 15, 4 (1905).
763) L. Spiegel, Chem. Zeitg. 20, 970 (1896).
764) F. A. Hochstein, K. Murai und W. H. Boegemann, J. Amer. Chem. Soc. 77, 3551 (1955).
765) M. Ishidate, M. Okada und K. Saito, Pharm. Bull. (Japan) 3, 319 (1955); Chem. Abstr. 50, 13369 (1956).
766) K. Warnat, Ber. dtsch. chem. Ges. 59, 2388 (1926).
767) G. H. Svoboda, J. Amer. Pharm. Assoc., Sci. Edn. 46, 508 (1957).
768) M.-M. Janot und R. Goutarel, Bull. Soc. Chim. France 1946, 535.
769) H.-G. Boit, Ergebnisse der Alkaloid-Chemie bis 1960, Akademie-Verlag, Berlin 1961.
770) B. U. Vergara, J. Amer. Chem. Soc. 77, 1864 (1955).
771) A. Chatterjee, S. C. Pakrashi und G. Werner, Fortschritte der Chemie organ. Naturstoffe 13, 346 (1956).
772) M.-M. Janot und R. Goutarel, Compt. rend. hebd. Séances Acad. Sci. 220, 617 (1945).
773) A. Mookerjee, J. Indian Chem. Soc. 18, 33 (1941); Chem. Abstr. 35, 7967 (1941).

774) A. Stoll, A. Hofmann und R. Brunner, Helv. Chim. Acta 38, 270 (1955).
775) H. Heinemann, Ber. dtsch. chem. Ges. 67, 15 (1934).
776) G. Hahn und W. Brandenberg, Ber. dtsch. chem. Ges. 60, 669 (1927).
777) L. Spiegel, Ber. dtsch. chem. Ges. 48, 2077 (1916).
778) R. Lillig, Mercks Jahresbericht 42, 20 (1928).
779) A. Le Hir, M.-M. Janot und R. Goutarel, Bull. Soc. Chim. France 1953, 1027.
780) E. Wenkert und L. H. Liu, Experientia 11, 302 (1955).
781) P. E. Aldrich, P. A. Diassi, D. F. Dickel, C. M. Dylion, P. D. Hance, C. F. Huebner, B. Korzun, M. E. Kuehne, L. H. Liu, H. B. MacPhillamy, E. W. Robb, D. K. Roychaudhuri, E. Schlittler, A. F. St. André, E. E. v. Tamelen, F. L. Weisenborn, E. Wenkert und O. Wintersteiner, J. Amer. Chem. Soc. 81, 2481 (1959).
782) C. F. Huebner und D. F. Dickel, Experientia 12, 250 (1956).
783) H. B. MacPhillamy, C. F. Huebner, E. Schlittler, A. F. St. André und P. R. Ulshafer, J. Amer. Chem. Soc. 77, 4335 (1955).
784) R. Goutarel, A. Hofmann, M.-M. Janot, A. Le Hir und N. Neuss, Helv. Chim. Acta 40, 156 (1957).
785) Raymond-Hamet, Compt. rend. hebd. Séances Acad. Sci. 237, 1435 (1953).
786) P. A. Diassi und R. M. Palmere, J. Org. Chem. 26, 3577 (1961).
787) H. B. MacPhillamy, L. Dorfman, C. F. Huebner, E. Schlittler, und A. F. St. André, J. Amer. Chem. Soc. 77, 1071 (1955).
788) A. Le Hir und E. W. Warnhoff, Compt. rend. hebd. Séances Acad. Sci. 246, 1564 (1958).
789) S. Kimoto und M. Okamoto, Pharm. Bull. (Japan) 3, 392 (1955); Chem. Abstr. 50, 16033 (1956).
790) A. Le Hir und R. Goutarel, Bull. Soc. Chim. France 1953, 1023.
791) A. Hofmann, Helv. Chim. Acta 38, 536 (1955).
792) G. Spiteller und M. Spiteller-Friedmann, Monatshefte Chem. 93, 795 (1962).
793) P. A. Diassi und C. M. Dylion, J. Amer. Chem. Soc. 80, 3746 (1958).

Name	Strukturformel	Vorkommen	Konst.	Schm.	pKa	Dreh.	IR.	NMR.	Mass.	UV.	Synth.
Pseudo-yohimbin (Yohimben) 796) $C_{21}H_{26}O_3N_2$		Corynanthe yohimbe 797)798) Rauwolfia canescens 756)799) Rauwolfia tetraphylla 800)	726) 730)	268° (Z.) 730) 293° 730)	7,41 730)	+27° PRD 726)	710) 733) 796)		736)	MTN 225(4,54) 281(3,86) 290(3,80) 710),730) 799)	740)
Isorauhimbin (3 epi-α-Yohimbin) 784) $C_{21}H_{26}O_3N_2$		Rauwolfia serpentina 754)801) 802)803)	726) 781) 782) 801)	124-125° (Z.) 801) 179-180° 801) 218-225° 784)		-90° PRD 801)	710) 732) 733) 784) 802)		736)	ATN 226(4,53) 282(3,89) 290(3,83) 710),802) 803)	
Alloyohimbin (Dihydro-yohimbin) 776) $C_{21}H_{26}O_3N_2$		Corynanthe yohimbe 766)775)776)	726) 779)	135-140° 779) 165-170° 779)	6,88 779)	-84° PRD 779)	710) 733) 779)		736)	MTN 225(4,52) 280(3,91) 290(3,74) 710),779)	
Corynanthin (Rauhimbin) 732) $C_{21}H_{26}O_3N_2$		*)	726) 730)	225-226° (Z.) 730)	7,15 730)	-82° PRD 803) -123° ATN 804)	710) 732) 733)		736)	MTN 226(4,54) 280(3,92) 290(3,77) 710),730) 803)	
Alstonilin $C_{22}H_{18}O_3N_2$		Alstonia constricta 806)	808) 809) 810)	372° (Z.) 806)			710) 808)			.HCl MTN 215(4,52) 241(4,48) 285(3,9) 391(4,54) 710),806) 809),810)	809) 811) 812) 813) 814)

*) Corynanthin-Vorkommen: Corynanthe yohimbe 807), Pseudocinchona africana 804)805), P. mayumbensis 804), Rauwolfia canescens 756), R. serpentina 803).

794) K. Imai und A. Ogiso, Ann. Report Takamine Lab. 7, 35 (1955); Chem. Abstr. 50, 14886 (1956).
795) S. Kimoto und H. Inoue, J. Pharm. Soc. Japan 62, 95 (1942); Chem. Abstr. 44, 11030 (1950).
796) M.-M. Janot, R. Goutarel und M. Amin, Compt. rend. hebd. Séances Acad. Sci. 231, 582 (1950).
797) G. Hahn und W. Brandenberg, Ber. dtsch. chem. Ges. 59, 2189 (1926).
798) P. Karrer und H. Salomon, Helv. Chim. Acta 9, 1059 (1926).
799) A. Stoll und A. Hofmann, J. Amer. Chem. Soc. 77, 820 (1955).
800) C. Djerassi, J. Fishman, M. Gorman, J.P. Kutney und S.C. Pakrashi, J. Amer. Chem. Soc. 79, 1217 (1957).
801) F.E. Bader, D.F. Dickel, C.F. Huebner, R.A. Lucas und E. Schlittler, J. Amer. Chem. Soc. 77, 3547 (1955).
802) F.E. Bader, D.F. Dickel, R.A. Lucas und E. Schlittler, Experientia 10, 298 (1954).
803) A. Hofmann, Helv. Chim. Acta 37, 314 (1954).
804) Raymond-Hamet, Compt. rend. hebd. Séances Acad. Sci. 212, 305 (1941).
805) E. Fourneau, Compt. rend. hebd. Séances Acad. Sci. 148, 1770 (1909); Chem. Zentr. 1909 II, 545.
806) W.L. Hawkins und R.C. Elderfield, J. Org. Chem. 7, 573 (1942).
807) M. Jorio, Ann. Chim. Farm. 1939, 50; Chem. Abstr. 33, 9306 (1939).
808) R.C. Elderfield und O.L. McCurdy, J. Org. Chem. 21, 295 (1956).
809) R.C. Elderfield und S.L. Wythe, J. Org. Chem. 19, 693 (1954).

- 79 -

Name	Strukturformel	Vorkommen	Konst.	Schm.	pKa	Dreh.	IR.	NMR.	Mass.	UV.	Synth.
11-Methoxy-yohimbin (Gambirin) (?) 792) $C_{22}H_{28}O_4N_2$	Konfiguration: vielleicht wie β-Yohimbin 792)	Aspidosperma oblongum 792) Ourouparia (Uncaria) gambir 818)	792)	148-149° 792)					792)	ATN 228(4, 47) 271(3, 67) 297(3, 72) 792)	
Canembin (Raunescin) 816) $C_{22}H_{28}O_3N_2$	19-Methyl-α-yohimbin oder 19-Methyl-alloyohimbin	Rauwolfia canescens 815)	815)	228-229° 815)		Hg +57° ATN 815)	815)			ATN 228(3, 46) 284(2, 88) 292_s(2, 82) 815)	
Seredin $C_{23}H_{30}O_5N_2$	10,11-Dimethoxy-α-yohimbin	Rauwolfia vomitoria 819)	820)	291° 820)	6,69 80 % MCS 820)	-1° CRF 820) -9° PRD 820)	710) 819) 820) 821)			MTN 228(4, 44) 280(3, 75) 302(3, 98) 710), 819) 820)	
Reserpsäure-methylester $C_{23}H_{30}O_5N_2$		Rauwolfia amsoniaefolia 748) Rauwolfia serpentina 732)	822) 823) 824) 847)	244-245° 732)		-106° PRD 732) -99° CRF 732)	733) 825)	851)		ATN 228(4, 49) 270-2 (3, 67) 298(3, 78) 732), 825)	824) 856)
Poweridin $C_{24}H_{30}O_5N_2$	Stereochemie: Yohimbin (?)	Ochrosia poweri 826)	826)	226° (Z.) 826)	7,1 826)	-5° ACT 826)	826) 830)			ATN 226(4, 57) 270(3, 70) 296(3, 80) 826), 830)	

810) R.C. Elderfield und S.L. Wythe, J. Org. Chem. 19, 683 (1954).
811) Y. Ban und M. Seo, J. Org. Chem. 27, 3380 (1962).
812) R.C. Elderfield und B.A. Fischer, J. Org. Chem. 23, 332 (1958).
813) R.C. Elderfield und B.A. Fischer, J. Org. Chem. 23, 949 (1958).
814) R.C. Elderfield, J.M. Lagowski, O.L. McCurdy und S.L. Wythe, J. Org. Chem. 23, 435 (1958).
815) S. Bhattacharji, M.M. Dhar und M.L. Dhar, J. Sci. Ind. Res. (India) 15 B, 506 (1956).
816) S. Bhattacharji, M.M. Dhar und M.L. Dhar, J. Sci. Ind. Res. (India) 16 B, 97 (1957).
817) Brit. Patent No. 910.316; Chem. Abstr. 58, 7992 (1963).
818) T. Pavolini, F. Gambarin und G. Montecchio, Ann. Chim. 40, 654 (1950); Chem. Zentr. 1952, 5096.
819) J. Poisson, A. Le Hir, R. Goutarel und M.-M. Janot, Compt. rend. hebd. Séances Acad. Sci. 239, 302 (1954).
820) J. Poisson, N. Neuss, R. Goutarel und M.-M. Janot, Bull. Soc. Chim. France 1958, 1195.
821) R. Goutarel, A. Le Hir, J. Poisson und M.-M. Janot, Bull. Soc. Chim. France 1954, 1481.
822) M.W. Klohs, F. Keller, R.E. Williams und G.W. Kusserow, J. Amer. Chem. Soc. 79, 3763 (1957).

Name	Strukturformel	Vorkommen	Konst.	Schm.	pKa	Dreh.	IR.	NMR.	Mass.	UV.	Synth.
Isoraunescin $C_{31}H_{36}O_8N_2$		Rauwolfia canescens 827) Rauwolfia ligustrina 831) Rauwolfia ternifolia 860)	827) 828) 829) 831)	241-243° 827)		-70° CRF 827)	733) 827) 830)			MTN 216(4,74) 268(4,18) 827), 830)	
Raunescin $C_{31}H_{36}O_8N_2$		Rauwolfia canescens 827) Rauwolfia grandiflora 860) Rauwolfia heterophylla 829) Rauwolfia ligustrina 831) Rauwolfia ternifolia 860)	827) 828) 829) 831)	160-170° 827)		-74° CRF 827)	733) 827) 830)			MTN 218(4,81) 271(4,29) 291(4,05) 827), 830)	
Deserpidin (Canescin) 836) (Raunormin) 835) (Recanescin) 836) $C_{32}H_{38}O_8N_2$		*)	780) 781) 782) 783) 787) 799) 831) 832) 833) 834)	228-232° 834)		-137° CRF 834) -163° PRD 799)	733) 830) 833) 835) 836)			ATN 218(4,79) 272(4,26) 290(4,07) 799), 830) 833), 834) 835), 836)	838) 839) 840) 841) 837)(B)

*) Deserpidin-Vorkommen: Rauwolfia affinis 843), R. amsoniaefolia 842), R. canescens 799)827)833)834)836)844), R. cubana 843), R. heterophylla 829)844), R. hirsuta 843), R. ligustrina (ternifolia) 831)843), R. macrocarpa 843), R. pentaphylla 843), R. salicifolia 843), R. serpentina 843)844), R. sprucei 843), R. ternifolia 843), R. tetraphylla 843), R. vomitoria 844), Tonduzia longifolia 845).

823) L. Dorfman, C. F. Huebner, H. B. MacPhillamy, E. Schlittler und A. F. St. André, Experientia 9, 368 (1953).
824) L. Dorfman, A. Furlenmeier, C. F. Huebner, R. Lucas, H. B. MacPhillamy, J. M. Mueller, E. Schlittler, R. Schwyzer und A. F. St. André, Helv. Chim. Acta 37, 59 (1954).
825) A. Furlenmeier, R. Lucas, H. B. MacPhillamy, J. M. Müller und E. Schlittler, Experientia 9, 331 (1953).
826) F. A. Doy und B. P. Moore, Austral. J. Chem. 15, 548 (1962).
827) N. Hosansky und E. Smith, J. Amer. Pharm. Assoc., Sci. Edn. 44, 639 (1955).
828) C. F. Huebner und E. Schlittler, J. Amer. Chem. Soc. 79, 250 (1957).
829) E. E. v. Tamelen und C. W. Taylor, J. Amer. Chem. Soc. 79, 5256 (1957).
830) N. Neuss, Physical Data of Indole and Dihydroindole alkaloids, Ely Lilly and Company, Indianapolis 6, Indiana, U. S. A., Edn. 1956, 1959, 1961, 1962.
831) J. M. Müller, Experientia 13, 479 (1957).

832) C. F. Huebner, H. B. MacPhillamy, E. Schlittler und A. F. St. André, Experientia 11, 303 (1955).
833) M. W. Klohs, F. Keller, R. E. Williams und G. W. Kusserow, J. Amer. Chem. Soc. 77, 4084 (1955).
834) E. Schlittler, P. R. Ulshafer, M. L. Pandow, R. H. Hunt und L. Dorfman, Experientia 11, 64 (1955).
835) A. Chatterjee, S. C. Pakrashi und G. Werner, Forschritte der Chemie organ. Naturstoffe 13, 346 (1956).
836) N. Neuss, H. E. Boaz und J. W. Forbes, J. Amer. Chem. Soc. 77, 4087 (1955).
837) R. B. Woodward, Angew. Chem. 68, 13 (1956).
838) J. O. Jílek, I. Ernest, L. Novák, M. Rajšner und M. Protiva, Coll. Czech. Chem. Comm. 26, 687 (1961).
839) J. Weichet, K. Pelz und L. Bláha, Coll. Czech. Chem. Comm. 26, 1529 (1961).

Name	Strukturformel	Vorkommen	Konst.	Schm.	pKa	Dreh.	IR.	NMR.	Mass.	UV.	Synth.
Raugustin $C_{32}H_{38}O_9N_2$		Rauwolfia grandiflora 860) Rauwolfia ligustrina 831) Rauwolfia mattfeldiana 860) Rauwolfia ternifolia 860)	831)	. H_2O 160-170° (Z.) 831)		-50° CRF 831)	830) 831)			ATN 217(4,74) 268(4,19) 291$_s$(3,97) 830), 831)	
Pseudoreserpin $C_{32}H_{38}O_9N_2$		Rauwolfia canescens 822)846) Rauwolfia grandiflora 860) Rauwolfia heterophylla 829) Rauwolfia ligustrina 831) Rauwolfia mattfeldiana 860) Rauwolfia ternifolia 860)	822) 831) 846)	257-258° 846)		-65° CRF 846)	733) 822) 830) 846)			ATN 218(4,76) 268(4,22) 296(4,02) 822), 830) 846)	

840) L. Velluz, G. Muller, R. Joly, G. Nominé, J. Mathieu, A. Allais, J. Warnant, J. Valls, R. Bucourt und J. Jolly, Bull. Soc. Chim. France 1958, 673.
841) J. H. Short, M. Freifelder und G. R. Stone, J. Org. Chem. 26, 2560 (1961).
842) R. M. Bernal, A. Villegas-Castillo und O. P. Espejo, Experientia 16, 353 (1960).
843) B. P. Korzun, A. F. St. André und P. R. Ulshafer, J. Amer. Pharm. Assoc., Sci. Edn. 46, 720 (1957).
844) D. Banes, A. E. H. Houk und J. Wolff, J. Amer. Pharm. Assoc. Sci. Edn. 47, 625 (1958).
845) A. F. St. André, B. Korzun und F. Weinfeldt, J. Org. Chem. 21, 480 (1956).
846) M. W. Klohs, F. Keller, R. E. Williams und G. W. Kusserow, Chem. and Ind. 1956, 187.

Name	Strukturformel	Vorkommen	Konst.	Schm.	pKa	Dreh.	IR.	NMR.	Mass.	UV.	Synth.
Reserpin (Alkaloid B) 861) $C_{33}H_{40}O_9N_2$ abs. K.		*)	780) 781) 782) 783) 787) 824) 831) 832) 847)	262-266° (Z.) 849) 277-278° (Z.) 848)	6,07 40% MTN 824)	-118° CRF 850)	733) 825) 830) 835) 842) 850)	851)		MTN 216(4,75) 225$_s$ 267(4,20) 296(3,98) 785),825) 830),835) 842),850) 852)	824) 838) 840) 841) 853) 854) 855) 856) 837)(B) 857)(B) 858)(B) 859)(B)

*) Reserpin-Vorkommen: Alstonia constricta [848)862)870)], Excavatia coccinea [826)], Ochrosia poweri [826)], Rauwolfia amsoniaefolia [842)], R. bahiensis [843)], R. boliviana [869)], R. caffra (R. natalensis) [843)892)893)], R. caffra (R. welwitschii) [891)], R. cambodiana [873)874)], R. canescens (R. hirsuta) [844)882)], R. canescens (R. tetraphylla) [844)877)878)891)892)], R. chinensis [883)], R cubana [843)], R. cummunsii [892)894)], R. decurva [875)], R. densiflora [876)], R. grandiflora [871)], R.heterophylla (R. hirsuta) [844)849)868)895)], R. hirsuta (R. tetraphylla) [892)], R. indecora [843)868)892)], R. inebrians [843)], R. lamarkii [843)], R. ligustrina [831)843)], R. longeacuminata [886)], R. macrocarpa (R. littoralis) [843)], R. macrophylla [887)], R. mannii [888)], R. micrantha [885)], R. mombasiana [843)891)892)], R. nana [888)], R. natalensis [892)893)], R. nitida [843)], R. obscura [843)892)], R. paraensis [843)], R. pentaphylla [843)], R. perakensis [866)], R. rosea [843)], R. salicifolia [843)], R. sandwicensis [843)], R. sarapiquensis [892)], R. schueli [869)872)], R. sellowii [863)865)892)], R. serpentina [850)879)880)884)891)], R. sprucei [843)], R. sumatrana [843)], R. ternifolia [843)890)], R. tetraphylla [800)843)881)892)], R. viridus (R. lamarkii) [843)], R. vomitoria [844)852)891)892)], Tonduzia longifolia [843)845)], Vallesia dichotoma [867)], Vinca minor [889)], V. rosea [864)].

847) Y. Ban und O. Yonemitsu, Chem. and Ind. 1961, 948.
848) W. D. Crow und Y. M. Greet, Austral. J. Chem. 8, 461 (1955).
849) C. Djerassi, M. Gorman, A. L. Nussbaum und J. Reynoso, J. Amer. Chem. Soc. 76, 4463 (1954).
850) J. M. Müller, E. Schlittler und H. J. Bein, Experientia 8, 338 (1952).
851) W. E. Rosen und J. N. Shoolery, J. Amer. Chem. Soc. 83, 4816 (1961).
852) J. Poisson, A. Le Hir, R. Goutarel und M.-M. Janot, Compt. rend. hebd. Séances Acad. Sci. 238, 1607 (1954).
853) Brit. Patente No. 868.475 - 868.486; Chem. Abstr. 57, 16681 (1962).
854) F. L. Weisenborn und P. A. Diassi, J. Amer. Chem. Soc. 78, 2022 (1956).
855) R. B. Woodward, F. E. Bader, H. Bickel, A. J. Frey und R. W. Kierstead, Tetrahedron 2, 1 (1958).
856) R. B. Woodward, F. E. Bader, H. Bickel, A. J. Frey und R. W. Kierstead, J. Amer. Chem. Soc. 78, 2023 (1956).
857) A. R. Battersby, Quart. Rev. 15, 259 (1961).
858) E. Leete, J. Amer. Chem. Soc. 82, 6338 (1960).
859) E. Leete, Tetrahedron 14, 35 (1961).
860) Brit. Patent No. 833.149; Chem. Abstr. 54, 21666 (1960).
861) A. J. Steenhauer, Pharmac. Weekbl. 89, 161 (1954); Chem. Zentr. 1955, 1094.
862) G. H. Svoboda, J. Amer. Pharm. Assoc., Sci. Edn. 46, 508 (1057).
863) S. C. Pakrashi, C. Djerassi, R. Wasicky und N. Neuss, J. Amer. Chem. Soc. 77, 6687 (1955).
864) N. K. Basu und B. Sarkar, Nature 181, 552 (1958).
865) F. A. Hochstein, J. Amer. Chem. Soc. 77, 5744 (1955).
866) A. K. Kiang und A. S. C. Wan, J. Chem. Soc. 1960, 1394.
867) J. S. E. Holker, M. Cais, F. A. Hochstein und C. Djerassi, J. Org. Chem. 24, 314 (1959).
868) M. Ishidate, M. Okada und K. Saito, Pharm. Bull. (Japan) 3, 319 (1955); Chem. Abstr. 50, 13369 (1956).
869) G. Iacobucci und V. Deulofeu, Anales asoc. quím. arg. 46, 143 (1958); Chem. Abstr. 53, 3595 (1959).
870) R. G. Curtis, G. J. Handley und T. C. Somers, Chem. and Ind. 1955, 1598.
871) W. B. Mors, P. Zaltzman, J. J. Beereboom, S. C. Pakrashi und C. Djerassi, Chem. and Ind. 1956, 173.
872) G. Iacobucci und V. Deulofeu, J. Org. Chem. 22, 94 (1957).
873) D. A. A. Kidd, Chem. and Ind. 1957, 1013.
874) D. A. A. Kidd, J. Chem. Soc. 1958, 2432.
875) C. K. Atal, J. Amer. Pharm. Assoc., Sci. Edn. 48, 37 (1959).
876) A. Chatterjee und S. Talapatra, Naturwissenschaften 42, 182 (1955).
877) A. Stoll und A. Hofmann, Soc. Biol. Chemists, India 1955, 248.
878) M. W. Klohs, M. D. Draper, F. Keller und F. J. Petracek, J. Amer. Chem. Soc. 76, 1381 (1954).
879) H. Kaneko, R. Fujimoto, K. Namba und K. Hayashi, J. Pharm. Soc. Japan 82, 1493 (1962).
880) H. Kaneko, R. Fujimoto, K. Namba und N. Ikeda, J. Pharm. Soc. Japan 82, 1489 (1962).
881) C. Djerassi und J. Fishman, Chem. and Ind. 1955, 627.
882) B. U. Vergara, J. Amer. Chem. Soc. 77, 1864 (1955).
883) K. Yamaguchi und H. Shoji, Eisei Shikenjo Hōkoku 76, 99 (1958); Chem. Abstr. 53, 17419 (1959).
884) L. v. Itallie und A. J. Steenhauer, Arch. Pharm. 270, 313 (1932).
885) D. S. Rao und S. B. Rao, J. Amer. Pharm. Assoc., Sci. Edn. 44, 253 (1955).
886) G. Dillemann, R. Paris und P. Chaumelle, Ann. Pharm. Franc. 16, 504 (1958).
887) R. Paris, G. Dillemann und P. Chaumelle, Ann. Pharm. Franc. 15, 360 (1957).
888) X. Monseur, J. Pharm. Belg. 12, 39 (1957); Chem. Abstr. 51, 8896 (1957).
889) P. N. Ljapunova, zitiert bei O. Štrouf und K. Kavková, Chem. Listy 56, 987 (1962).

Name	Strukturformel	Vorkommen	Konst.	Schm.	pKa	Dreh.	IR.	NMR.	Mass.	UV.	Synth.
Raujemidin $C_{33}H_{40}O_9N_2$	Stereoisomeres Reserpin: Ringverknüpfung: C/D: cis Pseudo-Konfiguration	Rauwolfia canescens 896)	896) 897)	144-150° 896)	5,53 40 % MTN 896)	-88° CRF 896)	896) 897) 898)			ATN 216-218 (4,80) 268-270 (4,24) 292-295 (4,05) 896)	
Isoreserpin $C_{33}H_{40}O_9N_2$	(structure)	Rauwolfia ligustrina 831)	854) 899) 900)	150-155° 899)		-164° CRF 899)	898)	851)			839) 899)
Rescidin $C_{34}H_{40}O_9N_2$	(structure)	Rauwolfia vomitoria 901) 902)	901) 902) 904a)	183-186° (Z.) 901)		-63° CRF 901)	830) 901)	904a) 902)		MTN 229(4,76) 302(4,42) 257(3,9) 830), 901) 902)	
Renoxydin (Reserpoxidin) 903) $C_{33}H_{40}O_{10}N_2$	Reserpin-$N_{(b)}$-oxid	Rauwolfia canescens 903) Rauwolfia ligustrina 831) Rauwolfia serpentina 903) Rauwolfia vomitoria 903)	903)	238-241° (Z.) 903)		-100° CRF 903)	830) 903)			ATN 218(4,81) 267-271 (4,22) 295-296 (4,04) 903), 830)	

890) H.T. Cardoso und I.A.A. Venâncio, Rev. brasil. biol. 16, 231 (1956); Chem. Abstr. 51, 670 (1957).
891) W.E. Court, W.C. Evans und G.E. Trease, J. Pharm. Pharmacol. 10, 380 (1958).
892) W.J. McAleer, R.G. Weston und E.E. Howe, Chem. and Ind. 1956, 1387.
893) B.O.G. Schuler und F.L. Warren, J. Chem. Soc. 1956, 215.
894) B.O.G. Schüler und F.L. Warren, Chem. and Ind. 1955, 1593.
895) F.A. Hochstein, K. Murai und W.H. Boegemann, J. Amer. Chem. Soc. 77, 3551 (1955).
896) P.R. Ulshafer, M.L. Pandow und R.H. Nugent, J. Org. Chem. 21, 923 (1956).
897) M. Shamma und E.F. Walker, Chem. and Ind. 1962, 1866.
898) E. Wenkert und D.K. Roychaudhuri, J. Amer. Chem. Soc. 78, 6417 (1956).
899) H.B. MacPhillamy, C.F. Huebner, E. Schlittler, A.F. St. André und P.R. Ulshafer, J. Amer. Chem. Soc. 77, 4335 (1955).
900) C.F. Huebner, A.F. St. André, E. Schlittler und A. Uffer, J. Amer. Chem. Soc. 77, 5725 (1955).

Name	Strukturformel	Vorkommen	Konst.	Schm.	pKa	Dreh.	IR.	NMR.	Mass.	UV.	Synth.
Rescinnamin (Reserpinin) 905) $C_{35}H_{42}O_9N_2$		*)	904)	238-239° 904)	6,4 904)	-97° CRF 904)	733) 830) 835) 904)			MTN 228(4,79) 302(4,48) 830), 835) 904), 905) 906)	904)

*) <u>Rescinnamin-Vorkommen:</u> Rauwolfia affinis [843], R. amsoniaefolia [842], R. bahiensis [843], R. caffra [843], R. cubana [843], R. decurva (?) [875], R. indecora [843], R. inebrians [843], R. lamarkii [843], R. ligustrina [831], R. macrocarpa (littoralis) [843], R. mombasiana [843], R. nitida [843], R. obscura [843], R. paraensis [843], R. pentaphylla [843], R. salicifolia [843], R. serpentina [844,904,907,908], R. sprucei [843], R. sumatrana [843], R. ternifolia [843], R. vomitoria [843,844,905,906], Tonduzia longifolia [843,845].

901) Belg. Patent No. 609.613; Chem. Abstr. 57, 13817 (1962).
902) A. Popelak, E. Haack, G. Lettenbauer und H. Spingler, Naturwissenschaften 48, 73 (1961).
903) P. R. Ulshafer, W. I. Taylor und R. H. Nugent, Compt. rend. hebd. Séances Acad. Sci. 244, 2989 (1957).
904) M. W. Klohs, M. D. Draper und F. Keller, J. Amer. Chem. Soc. 77, 2241 (1955).
904a) A. Popelak und G. Lettenbauer, Arch. Pharm. 296, 261 (1963).
905) E. Haack, A. Popelak und H. Spingler, Naturwissenschaften 42, 47 (1955).
906) D. A. A. Kidd, Chem. and Ind. 1955, 1481.
907) E. Haack, A. Popelak, H. Spingler und F. Kaiser, Naturwissenschaften 41, 214 (1954).
908) M. W. Klohs, M. D. Draper und F. Keller, J. Amer. Chem. Soc. 76, 2843 (1954).

XV

Oxindol - Alkaloide

Oxindol-Alkaloide

Name	Strukturformel	Vorkommen	Konst.	Schm.	pKa	Dreh.	IR.	NMR.	Mass.	UV.	Synth.
Alkaloid C $C_{20}H_{22}O_3N_2$	rel. Konf.	Alstonia muelleriana 909)	909)	168-169° 909)		+200° ATN 909)					
Gelsemin $C_{20}H_{22}O_2N_2$		Gelsemium elegans 913)924) Gelsemium sempervirens 910)912) Mostuea stimmulans 911)	914) 915) 916)	178° 912)		+10° CRF 912)	910) 917) 919)	918) 925)		MTN 210(4, 50) 252(3, 87) 280(3, 15) 910), 917) 919)	918)(B) 920)(B) 921)(B)
Gelsemicin $C_{20}H_{26}O_4N_2$		Gelsemium sempervirens 910)912)	922) 926) 927)	171° 912)		-142° CRF 923) — -140° ATN 912)	910) 919) 922)			MTN 218(4, 41) ~280(3, 60) 293(3, 50) 910), 919)	
l-Mitraphyl- lin *) (Rubradinin) 929) $C_{21}H_{24}O_4N_2$	abs. Konf. an C_{15}	Mitragyna rubrostipulacea (Adina rubrostipulata) 929)930)	922a) 928)	270° 929)		-10° CRF 929)			922a)		936) 937)

*) l-Mitraphyllin ist unter Umständen nur der einzige natürliche Vertreter, vgl. 928).

909) C. E. Nordman und K. Nakatsu, J. Amer. Chem. Soc. 85, 353 (1963).
910) H. Schwarz und L. Marion, Canad. J. Chem. 31, 958 (1953).
911) R. Paris und H. Moyse-Mignon, Compt. rend. hebd. Séances Acad. Sci. 229, 86 (1949).
912) T. Q. Chou, Chinese J. Physiol. 5, 131 (1931); Chem. Abstr. 25, 4085 (1931).
913) M.-M. Janot, R. Goutarel und M. C. Perezamador y Barron, Ann. Pharm. Franc. 11, 602 (1953).
914) H.-J. Teuber und S. Rosenberger, Chem. Ber. 93, 3100 (1960).
915) A. M. Roe und M. Gates, Tetrahedron 11, 148 (1960).
916) F. M. Lovell, R. Pepinsky und A. J. C. Wilson, Tetrahedron Letters 4, 1 (1959).
917) R. Goutarel, M.-M. Janot, V. Prelog, R. P. A. Sneeden und W. I. Taylor, Helv. Chim. Acta 34, 1139 (1951).
918) H. Conroy und J. K. Chakrabarti, Tetrahedron Letters 4, 6 (1959).
919) N. Neuss, Physical Data of Indole and Dihydroindole alkaloids, Ely Lilly and Company, Indianapolis 6, Indiana U. S. A., Edn. 1954, 1956, 1960, 1961, 1962.
920) A. Chatterjee und S. Ghosal, J. Sci. Ind. Res. (India) 20 B, 454 (1961).
921) H.-J. Teuber und H. Pfaff, Naturwissenschaften 45, 313 (1958).
922) M. Przybylska und L. Marion, Canad. J. Chem. 39, 2124 (1961).
922a) B. Gilbert, J. A. Brissolese, N. Finch, W. I. Taylor, H. Budzikiewicz, J. M. Wilson und C. Djerassi, J. Amer. Chem. Soc. 85, 1523 (1963).

Name	Strukturformel	Vorkommen	Konst.	Schm.	pKa	Dreh.	IR.	NMR.	Mass.	UV.	Synth.
d-Mitraphyl-lin *) $C_{21}H_{24}O_4N_2$	vgl. l-Mitraphyllin	Mitragyna macrophylla 938) Mitragyna rubrostipulacea 932) 933) Mitragyna stipulosa 939) Uncaria kawakamii 931)	928) 931) 933) 934) 935) 936)	275-276° 933)	4,6 80 % MCS 933) ――― 5,3 935)	+4° CRF 931) ――― -3° CRF 933)	919) 931) 933)			ATN 209(4, 47) 243(4, 22) 280(3, 18) 919), 931) 933)	945a) 934)(B) 936)(B)
Uncarin A $C_{21}H_{24}O_4N_2$	rel. Konf.	Uncaria kawakamii 940)	934) 935) 941) 942)	120-130° 940)	4,2 935)	+107° 940)	935)				935) 944) 934)(B)
Uncarin B (Formosanin) 943)944) $C_{21}H_{24}O_4N_2$	rel. Konf.	Ourouparia formosana 945) Uncaria kawakamii 940)	935) 941) 942) 944)	216-217° 945)	5,5 935)	+91° 940) ――― +80° ATN 945) ――― +91° CRF 945)	935)			~244(4, 2) ~286$_s$(3, 1) 941), 943)	935)
Corynoxein $C_{22}H_{26}O_4N_2$	abs. Konf. an C_{15}	Pseudocinchona africana 946)	934) 935) 936) 946)	210° 946)		-21° CRF 946) ――― +23° PRD 946)	946)			245(4, 28) 946)	936) 918)(B) 934)(B)

*) l-Mitraphyllin ist unter Umständen nur der einzige natürliche Vertreter, vgl. 928).

923) H. Schwarz und L. Marion, J. Amer. Chem. Soc. 75, 4372 (1953).
924) T.Q. Chou, G.H. Wang und W.C. Cheng, Chin. J. Physiol. 10, 79 (1936); Chem. Zentr. 1936 II 1022.
925) J. Pecher, R.H. Martin, N. Defay, M. Kaisin, J. Peeters, G. v. Binst, N. Verzele und F. Alderweireldt, Tetrahedron Letters 1961, 270.
926) M. Przybylska, Acta crystallographica 14, 694 (1961).
927) M. Przybylska, Acta crystallographica 15, 301 (1962).
928) N. Finch und W.I. Taylor, Tetrahedron Letters 1963, 167.
929) Raymond-Hamet, Bull. Sci. Pharmacol. 46, 327 (1939); Chem. Abstr. 33, 7959 (1939).
930) P. Denis, Bull. Cl. Sci., Acad. roy. Belg. 23, 174 (1937); Chem. Zentr. 1939 II, 2927.
931) T. Nozoye, Chem. Pharm. Bull. (Tokyo) 6, 306 (1958); Chem. Abstr. 53, 2270 (1959).
932) G.M. Badger, J.W. Cook und P.A. Ongley, J. Chem. Soc. 1950, 867.
933) J.C. Seaton, R. Tondeur und L. Marion, Canad. J. Chem. 36, 1031 (1958).
934) J.B. Hendrickson und R.A. Silva, J. Amer. Chem. Soc. 84, 643 (1962).
935) J.B. Hendrickson, J. Amer. Chem. Soc. 84, 650 (1962).
936) N. Finch und W.I. Taylor, J. Amer. Chem. Soc. 84, 3871 (1962).
937) N. Finch und W.I. Taylor, J. Amer. Chem. Soc. 84, 1318 (1962).
938) L. Michiels, J. Pharm. Belg. 13, 719 (1931); Chem. Abstr. 26, 3070 (1932).
939) Raymond-Hamet und L. Millat, Bull. Sci. Pharmacol. 42, 602 (1935); Chem. Abstr. 30, 1379 (1936).
940) H. Kondo und T. Ikeda, J. Pharm. Soc. Japan 61, 416, 453 (1941); Chem. Abstr. 45, 2960 (1951).
941) T. Ikeda, J. Pharm. Soc. Japan 62, 15, 38 (1942); Chem. Abstr. 45, 2961 (1951).
942) T. Nozoye, Chem. Pharm. Bull. (Tokyo) 6, 300 (1958); Chem. Abstr. 53, 2269 (1959).
943) Raymond-Hamet, Compt. rend. hebd. Séances Acad. Sci. 245, 1458 (1957).
944) J.C. Seaton, M.D. Nair, O.E. Edwards und L. Marion, Canad. J. Chem. 38, 1035 (1960).
945) Raymond-Hamet, Compt. rend. hebd. Séances Acad. Sci. 203, 1383 (1936).
945a) J. Shavel und H. Zinnes, J. Amer. Chem. Soc. 84, 1320 (1963).
946) N.A. Cu, R. Goutarel und M.-M. Janot, Bull. Soc. Chim. France 1957, 1292.

Name	Strukturformel	Vorkommen	Konst.	Schm.	pKa	Dreh.	IR.	NMR.	Mass.	UV.	Synth.
Rotundi-folin $C_{22}H_{26}O_5N_2$ → Nachtrag		Mitragyna ciliata 932) Mitragyna rotundifolia 947)	948)	233° 932)		+124° CRF 947)				ATN 947)	
Rhyncho-phyllin (Mitriner-min) 932) $C_{22}H_{28}O_4N_2$ abs. K. an C_{15}		*)	922a) 934) 935) 936) 949) 950) 951)	208-209° 947) 214° 952)	6,32 935)	-15° CRF 947) -24° CRF 952)	919) 946) 949) 950)		922a)	ATN 245(4, 24) 280(3, 15) 919), 947) 949), 950) 952)	935) 936) 937) 944) 946) 951) 918)(B) 934)(B)
Isorhyncho-phyllin $C_{22}H_{28}O_4N_2$ abs. K. an C_{15}		**)	922a) 935) 936) 944) 949) 951)	150° 944)	5,2 935)	+6° ATN 944)	944) 949)			944), 949)	935)
Corynoxin $C_{22}H_{28}O_4N_2$ rel. K.; H-(C_4) = α od. β		Pseudocinchona africana 946)	935) 946)	166-168° 946)		-3° CRF 946) -14° PRD 946)	946)			245(4, 28) 946)	
Mitragynol $C_{21}H_{24}O_5N_2$ → Nachtrag		Mitragyna rotundifolia 932)	948)	~130° 932) .HCl 212-216° 932)							

*) Rhynchophyllin-Vorkommen: Mitragyna ciliata 932), M. inermis (M. africana) 932)953), M. rotundifolia 932)947), M. stipulosa (M. macrophylla) 954), Ourouparia guianensis (Uncaria tomentosa) 952), O. rhynchophylla (Uncaria rhynchophylla) 955).

**) Isorhychophyllin-Vorkommen: Adina rubrostipulata 944), Ourouparia rhychophylla 956).

947) G. Barger, E. Dyer und L.J. Sargent, J. Org. Chem. 4, 418 (1939).
948) J.B. Hendrickson, Chem. and Ind. 1961, 713.
949) T. Nozoye, Chem. Pharm. Bull. (Tokyo) 6, 309 (1958); Chem. Abstr. 53, 2270 (1959).
950) J.C. Seaton und L. Marion, Canad. J. Chem. 35, 1102 (1957).
951) Y. Ban und T. Oishi, Tetrahedron Letters 1961, 791.
952) Raymond-Hamet, Compt. rend. hebd. Séances Acad. Sci. 235, 547 (1952).
953) Raymond-Hamet und L. Millat, Compt. rend. hebd. Séances Acad. Sci. 199, 587 (1934).
954) Raymond-Hamet und L. Millat, J. Pharmac. Chim. 126, 577 (1934); Chem. Zentr. 1935 I, 3937.
955) H. Kondo, T. Fukuda und M. Tomita, J. Pharm. Soc. Japan 48, 54 (1928); Chem. Zentr. 1928 II, 55.
956) H. Kondo und T. Ikeda, J. Pharm. Soc. Japan 57, 237 (1937); Chem. Zentr. 1938 II, 325.

XVI

Alkaloide vom Typ des Evodiamins

Alkaloide vom Typ des Evodiamins

Name	Strukturformel	Vorkommen	Konst.	Schm.	pKa	Dreh.	IR.	NMR.	Mass.	UV.	Synth.
Rutaecarpin $C_{18}H_{13}ON_3$		Evodia rutaecarpa 957) Hortia arborea 958)	959) 960)	258° 957)		0° 961)	961) 966a)			ATN 235$_s$ 278(3,83) 290(3,88) 332(4,49) 345(4,54) 364(4,44) 961), 966a)	958) 962)
Hortiacin $C_{19}H_{15}O_2N_3$		Hortia arborea 958)	958)	252-253° 958)		0° 958)	966a)			ATN 216(4,54) 347(4,56) 966a)	958)
Evodiamin $C_{19}H_{17}ON_3$		Evodia rutaecarpa 957)	959) 960) 963)	277-278° 957°		+440° CRF 961)	961)			ACN ~272(4,06) ~280(4,02) ~291(3,90) ~335(3,30) 961), 964)	
Rhetsin ((±) Evodiamin) 964) $C_{19}H_{17}ON_3$	vgl. Evodiamin	Xanthoxylum rhetsa (X. budrunga) 963)965)	963) 964) 965)	270-271° (Z.) 965)		0° 965)	963)				964)
Dehydro-evodiamin $C_{19}H_{15}ON_3$		Evodia rutaecarpa 961)	961) 963)	189-190° 961)			961) 963)			ATN 285(3,90) 292(3,88) 315(3,83) 365(4,26) 961)	963)

957) Y. Asahina und K. Kashiwaki, J. Pharm. Soc. Japan 1915, 1293; Chem. Abstr. 10, 607 (1916).
958) I. J. Pachter, R. F. Raffauf, G. E. Ullyot und O. Ribeiro, J. Amer. Chem. Soc. 82, 5187 (1960).
959) T. Ohta, J. Pharm. Soc. Japan 65, 15 (1945); Chem. Abstr. 45, 5697 (1951).
960) J. R. Price, Fortschritte der Chemie organ. Naturstoffe 13, 302 (1956).
961) T. Nakasato, S. Asada (Nomura) und K. Marui, J. Pharm. Soc. Japan 82, 619 (1962).
962) Y. Asahina, R. H. F. Manske und R. Robinson, J. Chem. Soc. 1927, 1708.
963) K. W. Gopinath, T. R. Govindachari und U. R. Rao, Tetrahedron 8, 293 (1960).
964) I. J. Pachter und G. Suld, J. Org. Chem. 25, 1680 (1960).
965) A. Chatterjee, S. Bose und C. Ghosh, Tetrahedron 7, 257 (1959).

Name	Strukturformel	Vorkommen	Konst.	Schm.	pKa	Dreh.	IR.	NMR.	Mass.	UV.	Synth.
Hortiamin $C_{20}H_{17}O_2N_3$		Hortia arborea [958] Hortia braziliana [966]	958) 966)	209° (Z.) 958)		0° 958)	958) 966a)			ATN 320(4,18) 376(4,25) 958), 966a) ACN 411(4,68) 958)	958) 966)
Rhetsinin $C_{19}H_{17}O_2N_3$		Xanthoxylum rhetsa [965]	964) 965)	192° (Z.) 965)		0° 965)	964) 965)			ATN 314(4,15) 964), 965) ACN ~312(4,34) ~382(3,90) 964), 965)	964)

966) I. J. Pachter, R. J. Mohrbacher und D. E. Zacharias, J. Amer. Chem. Soc. 83, 635 (1961).

966a) N. Neuss, Physical Data of Indole and Dihydroindole alkaloids, Ely Lilly and Company, Indianapolis 6, Indiana, U.S.A., Edn. 1954, 1956, 1960, 1961, 1962.

XVII

Calycanthus-Alkaloide mit Indol - Gerüst

Calycanthus-Alkaloide mit Indol-Gerüst

Name	Strukturformel	Vorkommen	Konst.	Schm.	pKa	Dreh.	IR.	NMR.	Mass.	UV.	Synth.
Folicanthin $C_{18}H_{23}N_4$		Calycanthus floridus 967)968) Calycanthus occidentalis 969)	969) 970)	118-119° 967)		-364° MTN 968)	919) 968)		972)	ATN 208(4,52) 254(4,25) 311(3,83) 919), 968) 969)	
Chimonanthin $C_{22}H_{26}N_4$		Chimonanthus fragrans (Meratia praecox) 973)	970) 973)	188-189° 973)		-329° ATN 971)	973)	974)	972)	246 304 973)	974)
Calycanthidin $C_{23}H_{28}N_4$		Calycanthus floridus 975)	970) 971)	142° 975)	7,37 + 6,04 971)	-317° MTN 971)	976) 971)	971) 976)	971) 972) 976)	250(4,18) 308(3,78) 971)	
Hodgkinsin $C_{22}H_{26}N_4$		Hodgkinsonia frutescens 977)	974)	128° 977)	8,45 + 6,45 50 % ATN 977)	+60° 0,3 n HCl 977)	977)			ATN 232(4,59) 252(4,48) 310(4,02) 326(3,93) 977)	

967) K. Eiter und O. Svierak, Monatshefte Chem. 82, 186 (1951).
968) K. Eiter und O. Svierak, Monatshefte Chem. 83, 1453 (1952).
969) H. F. Hodson und G. F. Smith, J. Chem. Soc. 1957, 1877.
970) I. J. Grant, T. A. Hamor, J. M. Robertson und G. A. Sim, Proc. Chem. Soc. 1962, 148.
971) J. E. Saxton, W. G. Bardsley und G. F. Smith, Proc. Chem. Soc. 1962, 148.
972) E. Clayton, R. I. Reed und J. M. Wilson, Tetrahedron 18, 1495 (1962).
973) H. F. Hodson, B. Robinson und G. F. Smith, Proc. Chem. Soc. 1961, 465.
974) J. B. Hendrickson, R. Rees und R. Göschke, Proc. Chem. Soc. 1962, 383.
975) G. Barger, A. Jacob und J. Madinaveitia, Rec. Trav. Chim. Pays-bas 57, 548 (1938).
976) T. R. Govindachari, K. Nagarajan und S. Rajappa, J. Sci. Ind. Res. (India) 21 B, 455 (1962).
977) E. F. L. J. Anet, G. K. Hughes und E. Ritchie, Austral. J. Chem. 14, 173 (1961).

XVIII

Harman - Derivate

Harman-Derivate

Name	Strukturformel	Vorkommen	Konst.	Schm.	pKa	Dreh.	IR.	NMR.	Mass.	UV.	Synth.
$N_{(b)}$-Methyl-tetrahydro-β-carbolin $C_{12}H_{14}N_2$		Arthrophytum leptocladum 979)	979)	216-217° 979)		0° 979)	979)			ATN 228(4,28) 280(3,90) 979)	979)
Harman (Aribin) 981) (Loturin) 980) (Passiflorin) 982) $C_{12}H_{10}N_2$		*)	978) 982)	237-238° 983)	6,10 66 % DMF 984)		978) 982) 1017)			MTN 234(4,57) ~250(4,36) 287(4,21) ~335(3,66) 347(3,66) 984), 1017)	982) 983) 985) 986)
Harmin (Banisterin) 990) (Telepathin) 985) (Yagein) 991) 992) 993) $C_{13}H_{12}ON_2$		**)	978) 994)	262° 995)			1017)			MTN 241(4,61) 301(4,21) ~325(3,77) 336(3,69) 997), 1017) 1018)	985) 997)
Harman-3-carbonsäure $C_{14}H_{12}O_2N_2$		Aspidosperma polyneuron 1000)	1000)	252-253° 1000)			1000)	1000)	1000)	ATN 236(4,43) 270(4,58) 303(3,97) 1000)	1001) 1000)(B)
Melinonin F ($N_{(b)}$-Methyl-harman) 1002) $C_{13}H_{13}N_2^+$		Strychnos melinoniana 1002)	1002)	Cl⁻ 288° 1002)		0° 1002)	1002)			Cl⁻ ATN 253(4,46) 308(4,27) 377(3,67) 1002)	1002)

*) Harman-Vorkommen: Arariba rubra (Sickingia rubra) 987), Calligonium minimum 1011), Passiflora actinea 988), P. alata 988), P. alba 982), P. bryonioides 982), P. capsularis 982), P. edulis 988), P. eichleriana 988), P. incarnata 988), P. quadrangularis 988), P. ruberosa 982), Symplocos racemosa 989).

**) Harmin-Vorkommen: Banisteria caapi 990)993)995)998), Banisteriopsis inebrians 1018), Cabi paraensis 998), Peganum harmala 996)999).

978) R.H.F. Manske und H.L. Holmes, The Alkaloids V. II, Academic Press. Inc., Publishers New York, 1952.
979) T.F. Platonowa, A.D. Kusowkow und P.S. Massagetow, J. Allg. Chemie (U.d.S.S.R.) 28, 3128 (1958).
980) E. Späth, Monatshefte Chem. 41, 401 (1920).
981) E. Späth, Monatshefte Chem. 40, 351 (1919).
982) R. Neu, Arzneimittel-Forsch. 6, 94 (1956).
983) G.R. Clemo und R.J.W. Holt, J. Chem. Soc. 1953, 1313.
984) H. Boaz, R.C. Elderfield und E. Schenker, J. Amer. Pharm. Assoc., Sci. Edn. 46, 510 (1957).
985) E. Späth und E. Lederer, Ber. dtsch. chem. Ges. 63, 120 (1930).
986) G.P. Menschikow, J.L. Gurewitsch und G.A. Ssamssonowa, J. Allg. Chem. (U.d.S.S.R.) 20, 1927 (1950); Chem. Zentr. 1951 II, 226.
987) R. Rieth, Liebigs Ann. Chem. 120, 247 (1861).
988) R. Neu, Arzneimittel-Forsch. 4, 601 (1954).
989) O. Hesse, Ber. dtsch. chem. Ges. 11, 1542 (1878).
990) L. Lewin, Compt. rend. hebd. Séances Acad. Sci. 186, 469 (1928).
991) O. Wolfes und K. Rumpf, Arch. Pharm. 266, 188 (1928).
992) F. Elger, Helv. Chim. Acta 11, 162 (1928).
993) A.M. Barriga Vollalba, J. Soc. Chem. Ind. 44 T, 205 (1925).
994) R.H.F. Manske, W.H. Perkin und R. Robinson, J. Chem. Soc. 1927, 1.
995) F.A. Hochstein und A.M. Paradies, J. Amer. Chem. Soc. 79, 5735 (1957).
996) O. Fischer, Festschrift zum 80. Geburtstag des Prinzregenten Luitpold, Erlangen 1901; Chem. Zentr. 1901 I, 957.
997) G.G. Doig, J.D. Loudon und P. McCloskey, J. Chem. Soc. 1952, 3912.
998) W.B. Mors und P. Zaltzman, Bol. inst. quím. agr. (Rio de Janeiro) 34, 17 (1954); Chem. Abstr. 49, 14906 (1955).
999) V.V.S. Iyer und R. Robinson, J. Chem. Soc. 1934, 1635.
1000) L.D. Antonaccio und H. Budzikiewicz, Monatshefte Chem. 93, 962 (1962).
1001) H.R. Snyder, C.H. Hansch, L. Katz, S.M. Parmerter und E.C. Spaeth, J. Amer. Chem. Soc. 70, 219 (1948).
1002) E. Bächli, C. Vamvacas, H. Schmid und P. Karrer, Helv. Chim. Acta 40, 1167 (1957).
1003) A.F. Ovejero, Farmacognosia 6, 103 (1947); Chem. Abstr. 42, 5617 (1948).

Name	Strukturformel	Vorkommen	Konst.	Schm.	pKa	Dreh.	IR.	NMR.	Mass.	UV.	Synth.
Harmalol $C_{12}H_{12}ON_2$		Peganum harmala 996)1003)	978)	212° 1004a)		0° 1004a)					996)
Harmalin $C_{13}H_{14}ON_2$		Banisteria caapi 995) Peganum harmala 1003)1005)	978) 994)	229-231° 995)			1006) 1017)			MTN 218(4,27) 260(3,90) ~346(4,08) 376(4,02) 1006), 1017)	985) 994) 1006)
Eleagnin (Tetrahydroharman) 986) $C_{12}H_{14}N_2$		*)	986)	178-180° 1007)		0° 1008)	1010) 1017)			MTN 226(4,57) 283(3,90) 291(3,82) 1007), 1010) 1017)	986) 1009) 1011) 1007)(B)
Leptocladin $C_{13}H_{16}N_2$		Arthrophytum leptocladum 1013)	1014)	109-110° 1013)		0° 1013)					1011)
Tetrahydroharmol $C_{12}H_{14}ON_2$		Elaeagnus angustifolia 1004)	1004)	256° 1004)		0° 1004)	1004)			1004)	1004)
$\underline{N}_{(b)}$-Methyltetrahydroharmol $C_{13}H_{16}ON_2$		Elaeagnus angustifolia 1004)	1004)	268-270° 1004)		0° 1004)					
d-Tetrahydroharmin $C_{13}H_{16}ON_2$		Banisteria caapi 995)	995)	198-200° 995)		+32° CRF 995)				ATN ~(3,9) ~(3,8) ~(4,6) 1015)	995)

*) Eleagnin-Vorkommen: Calligonium minimum 1011), Elaeagnus angustifolia 986)1008)1012), E. hortensis 1008), E. orientalis 1008), E. spinosa 1008), Leptactina densiflora 1010), Petalostyles labicheoides 1007).

1004) T.F. Platanowa, A.D. Kusowkow und P.S. Massagetow, J. Allg. Chemie (U.d.S.S.R.) 26, 3220 (1956); Chem. Zentr. 1958, 5086.
1004a) H.-G. Boit, Ergebnisse der Alkaloid-Chemie bis 1960, Akademie-Verlag, Berlin 1961.
1005) F. Goebel, Ann. Chem. u. Pharm. 38, 363 (1841).
1006) I.D. Spenser, Canad. J. Chem. 37, 1851 (1959).
1007) G.M. Badger und A.F. Beecham, Nature 168, 517 (1951).
1008) P.S. Massagetov, J. Allg. Chem. (U.d.S.S.R.) 16, 139 (1946); Chem. Abstr. 40, 6754 (1946).
1009) Z.J. Vejdělek, V. Trčka und M. Protiva, J. Med. Pharm. Chem. 3, 427 (1961).
1010) R.R. Paris, F. Percheron, J. Mainil und R. Goutarel, Bull. Soc. Chim. France 1957, 780.
1011) B.A. Abdusalamov und A.S. Sadykov, Uzbeksk. Khim. Zh. 1961, 47; Chem. Abstr. 57, 9904 (1962).

Name	Strukturformel	Vorkommen	Konst.	Schm.	pKa	Dreh.	IR.	NMR.	Mass.	UV.	Synth.
Leptaflorin (dl-Tetra-hydroharmin) 1010) $C_{13}H_{16}ON_2$		Leptactina densiflora 1016)	1010)	195-196° 1016)		0° 1010)	1010) 1016)			ATN 220(4,5) ~270(3,65) 294(3,75) 1010), 1016) 1018a)	

1012) P.S. Massagetov, J. Allg. Chem. (U.d.S.S.R.) 16, 775 (1946); Chem. Abstr. 41, 1390 (1947).
1013) N.K. Juraschewski, J. Allg. Chem. (U.d.S.S.R.) 9, 595 (1939); Chem. Zentr. 1940 I, 551.
1014) N.K. Juraschewski, J. Allg. Chem. (U.d.S.S.R.) 11, 157 (1941); Chem. Zentr. 1942 I, 756.
1015) Raymond-Hamet, Compt. rend. hebd. Séances Acad. Sci. 229, 1359 (1949).
1016) R.R. Paris und J. Caiment-Le Blond, Compt. rend. hebd. Séances Acad. Sci. 241, 241 (1955).
1017) N. Neuss, Physical Data of Indole and Dihydroindole alkaloids, Ely Lilly and Company, Indianapolis 6, Indiana, U.S.A., Edn. 1954, 1956, 1960, 1961, 1962.
1018) F.D. O'Connell und E.V. Lynn, J. Amer. Pharm. Assoc., Sci. Edn. 42, 753 (1953).
1018a) H.T. Openshaw und G.F. Smith, Experientia 4, 428 (1948).

XIX

Physostigmin - Geneserin-Gruppe

Physostigmin-Geneserin-Gruppe

Name	Strukturformel	Vorkommen	Konst.	Schm.	pKa	Dreh.	IR.	NMR.	Mass.	UV.	Synth.
Physostigmin (Eserin) [1019] $C_{15}H_{21}O_2N_3$		*)	978) 1020) 1021)	105-106° 1022)		-82° CRF 1022) -120° BZ 1022)		1023) 1024)	1025)	ATN 1026) Eserolin WS-pH 6,8 ~242(4,08) ~312(3,70) 1027)	1027) 1028) 1029)
Geneserin (Eseridin) 1004a) $C_{15}H_{21}O_3N_3$		Physostigma venenosum 1034)	978) 1020) 1028) 1035)	128-129° 1034)		-175° ATN 1034)				ATN 1026)	1028)

*) <u>Physostigmin-Vorkommen</u>: Dioclea bicolor [1030], D. lasiocarpa [1030], D. macrocarpa [1030], D. reflexa [1030], D. violacea [1030], Hippomane mancinella [1031], Physostigma cylindrospermum [1004a], P. venenosum [1032)1033].

1019) E. Stedman, J. Chem. Soc. 125, 1373 (1924).
1020) E. Stedman und G. Barger, J. Chem. Soc. 127, 247 (1925).
1021) D. Vincent, G. Segonzac und G. Sesque, Ann. Pharm. Franc. 20, 455 (1962).
1022) A. Petit und M. Polonovsky, Bull. Soc. Chim. France 9, 1008 (1893).
1023) R. B. Woodward, N. C. Yang, T. J. Katz, V. M. Clark, J. Harley-Mason, R. F. J. Ingleby und N. Sheppard, Proc. Chem. Soc. 1960, 76.
1024) L. A. Cohen, J. W. Daly, H. Kny und B. Witkop, J. Amer. Chem. Soc. 82, 2184 (1960).
1025) G. Spiteller und M. Spiteller-Friedmann, Tetrahedron Letters 1963, 147.
1026) V. Brustier, Bull. Soc. Chim. France 39, 1527 (1926).
1027) J. Harley-Mason und A. H. Jackson, J. Chem. Soc. 1954, 3651.
1028) M. Polonovski, Bull. Soc. Chim. France 21, 191 (1917).
1029) F. E. King und R. Robinson, J. Chem. Soc. 1935, 755.
1030) F. W. Freise, Pharmaz. Zentralhalle 77, 378 (1936).
1031) W. M. Lauter und P. A. Foote, J. Amer. Pharm. Assoc., Sci., Edn. 44, 361 (1955).
1032) J. Jobst und O. Hesse, Liebigs Ann. Chem. 129, 115 (1864).
1033) O. Hesse, Liebigs Ann. Chem. 141, 82 (1867).
1034) M. Polonovski und C. Nitzberg, Bull. Soc. Chim. France 17, 244 (1915).
1035) M. Polonovski und M. Polonovski, Bull. Soc. Chim. France 37, 744 (1925).

XX

Indolalkaloide verschiedener Typen

Indolalkaloide verschiedener Typen

Name	Strukturformel	Vorkommen	Konst.	Schm.	pKa	Dreh.	IR.	NMR.	Mass.	UV.	Synth.
Cryptolepin $C_{16}H_{12}N_2$		Cryptolepis sanguinolenta 1037) Cryptolepis triangularis 1036)	1037) 1038)	166-169° 1037)						ATN ~225(4,5) ~250(4,2) ~280(4,7) ~290(4,7) ~350$_s$ ~370(4,6) ~440(3,5) 1037)	1037)
Tuboflavin $C_{16}H_{12}ON_2$		Pleiocarpa tubicina (P. pycnantha var. tubicina) 1040)	1040)	207-208° 1040)		0° PRD 1040)	1040)	1040)	1040)	ATN 215(4,59) 264(4,37) 289(4,38) 323(3,71) 401(3,97) 1040)	
Flavopereirin (Melinonin G) 1039) $C_{17}H_{14}N_2$		Geissospermum laeve (G. vellosii) 1041)1043)1046) Strychnos melinoniana 1039)	1042) 1043)	233-235° 1041)		0° 1041)	1039) 1045) 1078)			ATN 230(4,40) 238(4,43) 248(4,39) 294(4,14) 351(4,25) 390(4,14) 1039), 1042) 1045), 1052) 1078)	1044) 1045) 1047) 1048) 1049) 1050) 1051) 1052)
Flavocarpin $C_{18}H_{14}O_2N_2$		Pleiocarpa mutica 1051)	1051)	307-308° (Z.) 1051)		0° MTN 1051)	1051)	1051)	1051)	ATN 223(4,61) 242(4,69) 250(4,71) 291(4,36) 351(4,37) 389(4,34) 1051)	1051)
Hunterburnin-β-methojodid $C_{20}H_{27}O_2N_2J$	abs. Konf. 1053)	Hunteria eburnea 1054)	1054)	Cl$^-$ 307-308° 1054)							

1036) E. Clinquart, Bull. acad. roy. med. Belg. 9, 627 (1929); Chem. Abstr. 24, 1139 (1930).
1037) E. Gellért, Raymond-Hamet und E. Schlittler, Helv. Chim. Acta 34, 642 (1951).
1038) J. R. Price, Fortschritte der Chemie organ. Naturstoffe 13, 302 (1956).
1039) E. Bächli, C. Vamvacas, H. Schmid und P. Karrer, Helv. Chim. Acta 40, 1167 (1957).
1040) C. Kump, J. Seibl und H. Schmid, Helv. Chim. Acta 46, 499 (1963).
1041) H. Rapoport, T. P. Onak, N. A. Hughes und M. G. Reinecke, J. Amer. Chem. Soc. 80, 1601 (1958).
1042) N. A. Hughes und H. Rapoport, J. Amer. Chem. Soc. 80, 1604 (1958).
1043) O. Bejar, R. Goutarel, M.-M. Janot und A. Le Hir, Compt. rend. hebd. Séances Acad. Sci. 244, 2066 (1957).
1044) E. Wenkert und J. Kilzer, J. Org. Chem. 27, 2283 (1962).
1045) A. Le Hir, M.-M. Janot und D. v. Stolk, Bull. Soc. Chim. France 1958, 551.
1046) A. Bertho, M. Koll und M. I. Ferosie, Chem. Ber. 91, 2581 (1958).
1047) E. Wenkert und B. Wickberg, J. Amer. Chem. Soc. 84, 4914 (1962).
1048) E. Wenkert, R. A. Massy-Westropp und R. G. Lewis, J. Amer. Chem. Soc. 84, 3732 (1962).
1049) J. Thesing und W. Festag, Experientia 15, 127 (1959).
1050) K. B. Prasad und G. A. Swan, J. Chem. Soc. 1958, 2024.
1051) G. Büchi, R. E. Manning und F. A. Hochstein, J. Amer. Chem. Soc. 84, 3393 (1962).
1052) Y. Ban und M. Seo, Tetrahedron 16, 5 (1961).
1053) M. F. Bartlett, B. Korzun, R. Sklar, A. F. Smith und W. I. Taylor, J. Org. Chem. 28, 1445 (1963).

Name	Strukturformel	Vorkommen	Konst.	Schm.	pKa	Dreh.	IR.	NMR.	Mass.	UV.	Synth.
Hunterburnin-α-methojodid $C_{20}H_{27}O_2N_2J$	abs. Konf. 1053)	Hunteria eburnea 1055)	1055)	Cl⁻ 335° 1053)		+105° WS-MTN 1053)				Cl⁻ ATN 273(3,94) 300(3,63) 311$_s$(3,57) 1053)	
Ulein $C_{18}H_{22}N_2$	rel. Konf.	Aspidosperma australe 1056) A. olivaceum 1060) A. pyricollum 1059) A. ulei 1057)	1057) 1058)	76-118° 1057)	8,23 80 % MCS 1057)	+18° CRF 1057)	1057) 1058) 1078)	1058)		ATN 209(4,38) 309(4,30) ~318(4,28) 1057), 1060) 1078)	1061)(B)
Stemmadenin $C_{21}H_{26}O_3N_2$	abs. Konf.	Diplorrhynchus condylocarpon ssp. mossambicensis 1062) (Stemmadenia) donnell-smithii 1064)	1063) 1071a)	199-200° (Z.) 1064)		+324° PRD 1064)	1062) 1064) 1078)	1063)	1063)	MTN 226(4,57) 275$_s$(3,81) 284(3,89) 292(3,86) 305$_s$(3,33) 1062), 1064) 1078)	
Corymin $C_{22}H_{26}O_4N_2$	abs. Konf.	Hunteria corymbosa 1065)	1065)	189-192° 1065)	7,86 1065)	+27° CRF 1065)	1065) 1078)	1065)		ATN 258(4,99) 314(4,50) 1065), 1078)	

1054) J. D. M. Asher, J. M. Robertson, G. A. Sim. M. F. Bartlett, R. Sklar und W. I. Taylor, Proc. Chem. Soc. 1962, 72.
1055) C. C. Scott, G. A. Sim und J. M. Robertson, Proc. Chem. Soc. 1962, 355.
1056) M. A. Ondetti und V. Deulofeu, Tetrahedron 15, 160 (1961).
1057) J. Schmutz, F. Hunziker und R. Hirt, Helv. Chim. Acta 40, 1189 (1957).
1058) G. Büchi und E. W. Warnhoff, J. Amer. Chem. Soc. 81, 4433 (1959).
1059) B. Gilbert, L. D. Antonaccio, A. A. P. G. Archer und C. Djerassi, Experientia 16, 61 (1960).
1060) J. Schmutz und F. Hunziker, Pharm. Acta Helv. 33, 341 (1958).
1061) R. B. Woodward, G. A. Iacobucci und F. A. Hochstein, J. Amer. Chem. Soc. 81, 4434 (1959).
1062) D. Stauffacher, Helv. Chim. Acta 44, 2006 (1961).
1063) A. Sandoval, F. Walls, J. N. Shoolery, J. M. Wilson, H. Budzikiewicz und C. Djerassi, Tetrahedron Letters 1962, 409.
1064) F. Walls, O. Collera und A. Sandoval, Tetrahedron 2, 173 (1958).
1065) A. K. Kiang und G. F. Smith, Proc. Chem. Soc. 1962, 298.

Name	Strukturformel	Vorkommen	Konst.	Schm.	pKa	Dreh.	IR.	NMR.	Mass.	UV.	Synth.
Echitamin (Ditain) [1066] $C_{22}H_{29}O_4N_2^+$	abs. Konf.	*)	1065) 1071) 1072) 1073) 1074) 1075) 1079)	Cl⁻ 295° (Z.) 1067)	11 1081)	Cl⁻ -58° WS 1067)	1076) 1078)	1082)		Cl⁻ ATN 235(3,93) 295(3,55) 1076), 1077) 1078)	1080)(B)
Mitragynin $C_{22}H_{28}O_4N_2$ → Nachtrag		Mitragyna speciosa 1083)1084)	1085)	amph. 1083) Pikr. 223-224° 1083)		+39° CRF 1083)				~226(4,6) ~256ₛ(4,1) ~278ₛ(3,9) ~283ₛ(3,8) ~298(3,85) ~326(2,8) ~358(3,0) 1086)	

*) Echitamin-Vorkommen: Alstonia angustiloba [1068], A. congensis [1068], A. gilletii [1068], A. scholaris [1066)1067)1068], A. spathulata [1068] A. spectabilis [1069], A. verticillosa [1070].

1066) O. Hesse, Liebigs Ann. Chem. 203, 144 (1880).
1067) J. A. Goodson und T. A. Henry, J. Chem. Soc. 127, 1640 (1925).
1068) J. A. Goodson, J. Chem. Soc. 1932, 2626.
1069) O. Hesse, Liebigs Ann. Chem. 203, 170 (1880).
1070) T. M. Sharp, J. Chem. Soc. 1934, 1227.
1071) J. A. Hamilton, T. A. Hamor, J.M. Robertson und G. A. Sim, Proc. Chem. Soc. 1961, 63.
1071a) D. Schumann, W. G. Kump und H. Schmid, Helv. Chim. Acta 1963, im Druck.
1072) A.J. Birch, H. Hodson, B. Moore und G. F. Smith, Proc. Chem. Soc. 1961, 62.
1073) A. Chatterjee und S. Ghosal, Chem. and Ind. 1961, 176.
1074) A.J. Birch, H. F. Hodson, B. Moore, H. Potts und G. F. Smith, Tetrahedron Letters 19, 36 (1960).
1075) D. Chakravarti, R. N. Chakravarti, R. Ghose und R. Robinson, Tetrahedron Letters 11, 25 (1960).
1076) T. R. Govindachari und S. Rajappa, Proc. Chem. Soc. 1959, 134.
1077) T. R. Govindachari und S. Rajappa, Tetrahedron 15, 132 (1961).
1078) N. Neuss, Physical Data of Indole and Dihydroindole alkaloids, Ely Lilly and Company, Indianapolis 6, Indiana, U. S. A., Edn. 1954, 1956, 1960, 1961, 1962.
1079) H. Manohar und S. Ramaseshan, Tetrahedron Letters 1961, 814.
1080) G. F. Smith, Chem. and Ind. 1961, 1120.
1081) A. Chatterjee, S. Ghosal und S. G. Majumdar, Chem. and Ind. 1960, 265.
1082) H. Conroy, R. Bernasconi, P. R. Brook, R. Ikan, R. Kurtz und K. W. Robinson, Tetrahedron Letters 6, 1 (1960).
1083) E. Field, J. Chem. Soc. 119, 887 (1921).
1084) H. R. Ing und C. G. Raison, J. Chem. Soc. 1939, 986.
1085) J. B. Hendrickson, Chem. and Ind. 1961, 713.
1086) Raymond-Hamet, Compt. rend. hebd. Séances Acad. Sci. 247, 1387 (1958).

XXI

Indolalkaloide unbekannter Struktur

Indolalkaloide unbekannter Struktur

Name	Summenformel	Vorkommen	Schm.	pKa	Dreh.	IR.	NMR.	UV.
Harmidin	$C_{13}H_{14}ON_2$	Peganum harmala [1087]	257-258° [1087]					
Tabernoschizin (Alkaloid E) [1088]	$C_{18}H_{20}N_2$	Conopharyngia durissima [1088] Conopharyngia holstii [1088] Schizozygia caffaeoides [1088]	198-199° [1088]	7,26 80 % MCS [1088]	-138° CRF [1088]	[1088] [1089]		MTN 303(4,26) [1088]
C-Alkaloid J	$C_{19}H_{21}N_2^+$	Calebassen-Curare [1091] Strychnos froesii [1092] Strychnos tomentosa [1094] Strychnos trinervis [1093]	Pikr. >260° [1090]					Cl⁻ WS ~220(4,7) ~277(3,7) ~290(3,5) [1090]
C-Alkaloid S	$C_{19}H_{22}N_2$ oder $C_{20}H_{24}N_2$	Calebassen-Curare [1095]	Pikr. 250° [1095]					·HCl ATN ~220(4,05) ~285(3,65) ~320$_s$(3,2) [1095]
Vincanin	$C_{19}H_{22}ON_2$	Vinca erecta [1096][1097]	188° [1097]		-992° MTN [1097]			
Sandwicensin	$C_{19}H_{22}ON_2$	Rauwolfia sandwicensis [1098]	260-262° [1098]		+56° MTN [1098]			ATN 246(3,82) 290(3,35) [1098]
C-Alkaloid I	$C_{19}H_{23}N_2^+$ oder $C_{20}H_{25}N_2^+$	Calebassen-Curare [1091] Strychnos froesii [1092] Strychnos mitscherlichii (smilacina) [1099] Strychnos rubiginosa [1092]	Pikr. 194° [1090]					Cl⁻ WS ~250 ~295 [1090]
Toxiferin X	$C_{19}H_{23}N_2^+$	Strychnos toxifera [1100][1113]	Pikr. 264° (Z.) [1100]					
C-Calebassinin	$C_{19}H_{23}O_2N_2^+$	Calebassen-Curare [1101] Strychnos solimoesana [1102]	Pikr. 260° [1090]		Cl⁻ +63° WS [1102]			Cl⁻ WS ~252(3,90) ~290(3,60) [1090],[1101] [1102]

1087) S. Siddiqui, Chem. and Ind. **1962**, 356.
1088) U. Renner und P. Kernweisz, Experientia **19**, 244 (1963) und Vortrag am 8.2.1963 ETH-Zürich.
1089) U. Renner, D. A. Prins und W. G. Stoll, Helv. Chim. Acta **42**, 1572 (1959).
1090) J. Kebrle, H. Schmid, P. Waser und P. Karrer, Helv. Chim. Acta **36**, 102 (1953).

Name	Summenformel	Vorkommen	Schm.	pKa	Dreh.	IR.	NMR.	UV.
C-Alkaloid UB	$C_{19}H_{23}O_3N_2^+$ (?)	Calebassen-Curare 1101)	Pikr. 238-240° 1101)					
Rhazinin	$C_{19}H_{24}ON_2$	Rhazya stricta 1103)	115-116° 1103)	8,3 1104)	+4° CRF 1104)	1104)		ATN 227(4,54) 281(3,88) 289(3,86) 1104)
Unbenannt	$C_{19}H_{24}O_2N_2$	Amsonia elliptica 1105)	261-263° (Z.) 1105)			1105)		224 280 1105)
Gelsedin	$C_{19}H_{24}O_3N_2$	Gelsemium sempervirens 1106) 1107) ⟶ Nachtrag	173-174° 1106)		-158° CRF 1106)	1078) 1107)		MTN 210(4,40) 256(3,83) 1078), 1107) 1108)
Vinin	$C_{19}H_{26}O_4N_2$	Vinca pubescens (V. major) 1109) 1110)	211-213° 1110)		-70° ATN 1110)			
Schizolutein	$C_{20}H_{18}O_5N_2$ (?)	Schizozygia caffaeoides 1088)	210-212° 1088)	2,5-3 80 % MCS 1088)		1088)		MTN 231(4,24) 272(3,89) 317(3,95) 1088)
Caffaeoschizin	$C_{20}H_{20}O_4N_2$ (?)	Schizozygia caffaeoides 1088)	208-212° 1088)	4,10 80 % MCS 1088)	+26° CRF 1088)	1088)		MTN 264(3,96) 307(3,83) 1088)
C-Alkaloid 1	$C_{20}H_{21}N_2^+$	Calebassen-Curare 1111)	Cl⁻ 239-243° (Z.) 1111)		Cl⁻ -13° WS 1111)			Cl⁻ WS 270 1111)

1091) H. Schmid, J. Kebrle und P. Karrer, Helv. Chim. Acta 35, 1864 (1952).
1092) A. Pimenta, M.A. Jorio, K. Adank und G.B. Marini-Bettòlo, Gazz. Chim. Ital. 84, 1147 (1954).
1093) K. Adank, D. Bovet, A. Ducke und G.B. Marini-Bettòlo, Gazz. Chim. Ital. 83, 966 (1953).
1094) G.B. Marini-Bettòlo, M. Lederer, M.A. Jorio und A. Pimenta, Gazz. Chim. Ital. 84, 1155 (1954).
1095) H. Meyer, H. Schmid und P. Karrer, Helv. Chim. Acta 39, 1208 (1956).
1096) P.K. Yuldashev und S.Y. Yunusov, Dokl. Acad. Nauk Uzbek. S.S.R. 1960, 28; Chem. Abstr. 57, 7331 (1962).
1097) S.J. Junussow und P.C. Juldaschew, J. allg. Chem. (U.d.S.S.R.) 27, 2015 (1957); Chem. Zentr. 1958, 14326.
1098) M. Gorman, N. Neuss, C. Djerassi, J.P. Kutney und P.J. Scheuer, Tetrahedron 1, 328 (1957).
1099) J. Kebrle, H. Schmid, P. Waser und P. Karrer, Helv. Chim. Acta 36, 345 (1953).
1100) H. King, J. Chem. Soc. 1949, 3263.
1101) H. Schmid und P. Karrer, Helv. Chim. Acta 30, 2081 (1947).
1102) G.B. Marini-Bettòlo, P. de Berredo Carneiro und G.C. Casinovi, Gazz. Chim. Ital. 86, 1148 (1956).
1103) A. Chatterjee, C.R. Ghosal, N. Adityachaudhury und S. Ghosal, Chem. and Ind. 1961, 1034.
1104) G. Ganguli, N. Aditya Chaudhury, V.P. Arya und A. Chatterjee, Chem. and Ind. 1962, 1623.
1105) K. Imai und A. Ogiso, Ann. Report Takamine Lab. 7, 35 (1955); Chem. Abstr. 50, 14886 (1956).
1106) H. Schwarz und L. Marion, J. Amer. Chem. Soc. 75, 4372 (1953).
1107) H. Schwarz und L. Marion, Canad. J. Chem. 31, 958 (1953).
1108) M.-M. Janot, R. Goutarel und W. Friedrich, Ann. Pharm. Franc. 9, 305 (1951).

Name	Summenformel	Vorkommen	Schm.	pKa	Dreh.	IR.	NMR.	UV.
C-Xanthocurin	$C_{20}H_{21}ON_2^+$	Calebassen-Curare [1112] Strychnos toxifera [1113] basil. Viburnacee (?) [1114]	Pikr. > 275° 1112) $\overline{Cl^-}$ > 300° 1113)		Cl^- +813° MTN 1112) $\overline{Cl^-}$ +717° MTN 1113)			Cl^- ATN ~ 208(4,6) ~ 255(4,3) ~ 322(4,3) ~ 430(4,4) 1112)
Fedamazin	$C_{20}H_{21}ON_2^+$	Strychnos toxifera [1115]	Pikr. 233-235° 1115)					Cl^- WS ~ 260(4,3) ~ 310(4,2) ~ 370(3,4) 1115)
Melinonin H	$C_{20}H_{21-23}ON_2^+$	Strychnos melinoniana [1116]	Pikr. 290-292° (Z.) 1116)			1116)		Cl^- ATN ~ 212(4,5) ~ 235(4,6) ~ 290(3,7) ~ 310(3,7) ~ 323(3,6) 1116)
Koumin	$C_{20}H_{22}ON_2$	Gelsemium elegans [1117)1118)1119]	170° 1117)		-265° ATN 1117)			~ 225(3,9) ~ 265(3,7) 1119)
Isoschizogalin	$C_{20}H_{22}O_2N_2$	Schizozygia caffaeoides [1088]	110-112° 1088)	4,56 80 % MCS 1088)	-262° CRF 1088)	1088)	1088)	MTN 217(4,47) 250(4,02) 286(3,67) 293(3,67) 1088)
Schizogalin	$C_{20}H_{22}O_2N_2$	Schizozygia caffaeoides [1088]	156-157° 1088)	4,32 80 % MCS 1088)	+29° CRF 1088)	1088)	1088)	MTN 219(4,32) 255(3,97) 295(3,86) 300$_s$(3,85) 1088)
α-Schizozygol	$C_{20}H_{22}O_4N_2$	Schizozygia caffaeoides [1088]	210-211° 1088)	4,80 80 % MCS 1088)	+51° CRF 1088)	1088)	1088)	MTN 267(4,01) 313(3,97) 1088)

1109) A. Orechov, S. Norkina und H. Gurevič, Chim. farm. promyšlennost 1934, 9; zitiert bei O. Štrouf und K. Kavková, Chem. Listy 56, 987 (1962).
1110) A. Orechoff, H. Gurewitch und S. Norkina, Arch. Pharm. 272, 70 (1934).
1111) Th. Wieland und H. Merz, Chem. Ber. 85, 731 (1952).
1112) E. Giesbrecht, H. Meyer, E. Bächli, H. Schmid und P. Karrer, Helv. Chim. Acta 37, 1974 (1954).
1113) A. R. Battersby, R. Binks, H. F. Hodson und D. A. Yeowell, J. Chem. Soc. 1960, 1848.
1114) H. Meyer, H. Schmid, P. Waser und P. Karrer, Helv. Chim. Acta 39, 1214 (1956).
1115) H. Asmis, H. Schmid und P. Karrer, Helv. Chim. Acta 37, 1983 (1954).
1116) E. Bächli, C. Vamvacas, H. Schmid und P. Karrer, Helv. Chim. Acta 40, 1167 (1957).
1117) T. Q. Chou, Chin. J. Physiol. 5, 345 (1931); Chem. Zentr. 1932 II, 722.
1118) T. Q. Chou, G. H. Wang und W. C. Cheng, Chin. J. Physiol. 10, 79 (1936); Chem. Zentr. 1936 II, 1022.
1119) M-M. Janot, R. Goutarel und M. C. Perezamador y Barron, Ann. Pharm. Franc. 11, 602 (1953).

Name	Summenformel	Vorkommen	Schm.	pKa	Dreh.	IR.	NMR.	UV.
β-Schizozygol	$C_{20}H_{22}O_4N_2$	Schizozygia caffaeoides [1088]	247-250° [1088]	4,47 80 % MCS [1088]	- [1088]	[1088]		MTN 267(4,00) 313(3,96) [1088]
Akuammenin	$C_{20}H_{22}O_4N_2$	Picralima nitida (klaineana) [1120]	amph. [1120] Pikr. 225° [1120]					
C-Curarin II	$C_{20}H_{23}N_2^+ \cdot H_2O$	Calebassen-Curare [1121]	Pikr. 204° [1090] [1122]		Cl⁻ +73° WS [1121]			
C-Alkaloid P	$C_{20}H_{23}ON_2^+$	Calebassen-Curare [1112] brasil. Viburnacee (?) [1114]	Pikr. 224-232° [1112]					Cl⁻ WS ~210(4,4) ~224(4,4) ~270(3,9) ~280$_s$(3,8) ~290(3,8) [1112]
C-Alkaloid M	$(C_{20}H_{23}O_2N_2^+)_{1-2}$	Calebassen-Curare [1124]	Cl⁻ 282-283° (Z.) [1125]			[1125]		Cl⁻ WS 249(~3,8) [1124], [1125]
Macrophyllin A	$C_{20}H_{23}O_2N_2^+$	Strychnos macrophylla [1126]						[1126]
Alkaloid E₁	$C_{20}H_{24}N_2$	Geissospermum vellosii [1127]	163-165° [1127]		-51° ATN [1127]	[1127]		ATN 245 300 [1127]
Vincamidin	$C_{20}H_{24}O_3N_2$	Vinca minor [1128][1129][1130]	78-80° [1128]			[1128]		ATN 260(3,74) [1128]

1120) T. A. Henry, J. Chem. Soc. 1932, 2759.
1121) H. Wieland und H. J. Pistor, Liebigs Ann. Chem. 536, 68 (1938).
1122) H. Wieland, H. J. Pistor und K. Bähr, Liebigs Ann. Chem. 547, 140 (1941).
1123) H. Wieland, K. Bähr und B. Witkop, Liebgis Ann. Chem. 547, 156 (1941).
1124) H. Asmis, E. Bächli, E. Giesbrecht, J. Kebrle, H. Schmid und P. Karrer, Helv. Chim. Acta 37, 1968 (1954).
1125) W. Arnold, F. Berlage, K. Bernauer, H. Schmid und P. Karrer, Helv. Chim. Acta 41, 1505 (1958).
1126) M. A. Jorio, O. Corvillon, H. Magalhães Alves und G. B. Marini-Bettòlo, Gazz. Chim. Ital. 86, 923 (1956).
1127) H. Rapoport, T. P. Onak, N. A. Hughes und M. G. Reinecke, J. Amer. Chem. Soc. 80, 1601 (1958).

Name	Summenformel	Vorkommen	Schm.	pKa	Dreh.	IR.	NMR.	UV.
Vincanidin	$C_{20}H_{24}O_3N_2$	Vinca erecta [1096)1097)]	250-280° [1097)]		.HBr -673° MTN [1097)]			
Perivin	$C_{20}H_{24}O_3N_2$	Vinca rosea [1131)1132)]	180-181° [1132)]	7,5 66 % DMF [1132)]	-121° CRF [1132)]	[1078) 1131) 1132)]		ATN 226_s(~4,23) 240_s 314(4,22) [1078), 1131) 1132), 1133)]
C-Guaianin	$C_{20}H_{25}N_2^+$ oder $C_{21}H_{25}ON_2^+$	Calebassen-Curare [1112)] Strychnos gujanensis [1112)]	Pikr. > 305° [1112)]					Cl⁻ WS ~260(4,1) ~295(3,7) [1112)]
Toxiferin IIa	$C_{20}H_{25}ON_2Cl$	Calebassen-Curare [1123)]	274° (Z.) [1123)]		+66° WS [1123)]			
Toxiferin IIb	$C_{20}H_{25}ON_2Cl$	Calebassen-Curare [1123)]	216° (Z.) [1123)]		Cl⁻ +78° WS [1123)]			
Pseudo-fluorocurin	$C_{20}H_{25}O_2N_2^+$	Calebassen-Curare [1095)]	Pikr. 179° [1095)]					Cl⁻ ATN ~240(4,5) ~265(3,8) ~320(2,8) ~420(3,6) [1095)]
Mauiensin	$C_{20}H_{26}ON_2$	Rauwolfia mauiensis [1098)]	240-242° [1098)]		+184° MTN [1098)]	[1098)]		ATN 249(3,92) 291(3,35) [1098)]
Kimvulin	$C_{20}H_{26}O_2N_2$	Tabernanthe iboga [1134)]	231-233° [1134)]		+4° CRF [1134)]			ATN 227(4,39) 288-291 (3,92) 297(3,92) [1134)]

1128) J. Trojánek, O. Štrouf, K. Kavková und Z. Čekan, Coll. Czech. Chem. Comm. 25, 2045 (1960).
1129) N.G. Bisset, Ann. Bogoriensis 3, 105 (1958).
1130) Z. Čekan, J. Trojánek, O. Štrouf und K. Kavková, Pharm. Acta Helv. 35, 96 (1960).
1131) G.H. Svoboda, J. Amer. Pharm. Assoc., Sci. Edn. 47, 834 (1958).
1132) G.H. Svoboda, N. Neuss und M. Gorman, J. Amer. Pharm. Assoc., Sci. Edn. 48, 659 (1959).
1133) G.H. Svoboda, I.S. Johnson, M. Gorman und N. Neuss, J. Pharm. Sci. 51, 707 (1962).
1134) D.F. Dickel, C.L. Holden, R.C. Maxfield, L.E. Paszek und W.I. Taylor, J. Amer. Chem. Soc. 80, 123 (1958).
1135) N. Dastoor und H. Schmid, Experientia 19, 297 (1963).

Name	Summenformel	Vorkommen	Schm.	pKa	Dreh.	IR.	NMR.	UV.
Alkaloid AD-VI	$C_{20}H_{26}O_2N_2$	Aspidosperma discolor [1135] ⟶ Nachtrag	184-185° 1135)		-65° PRD 1135)	1135)		ATN 224(4,45) 280(3,96) 290_s(3,93) 1135)
Ajmalinin	$C_{20}H_{26}O_3N_2$	Rauwolfia sellowii [1136] Rauwolfia serpentina [1137] Rauwolfia vomitoria [1138]	180-181° 1137)					HAc-ATN 271(4,2) 295_s(3,8) 308(3,6) 1139)
Pubescin	$C_{20}H_{26}O_4N_2$	Vinca pubescens (V. major) [1110]	227-228° 1110)		-134° ATN 1110)			
Toxiferin III	$C_{20}H_{27}ON_2^+$	Strychnos toxifera [1100)1113]	Cl⁻ 285° 1100)					Cl⁻ WS ~278(3,9) 1100)
C-Alkaloid O	$C_{20}H_{27}ON_2^+$	Calebassen-Curare [1112]	Pikr. 237-238° 1112)		Cl⁻ -124° MTN 1112)			Cl⁻ WS ~220(4,7) ~270(3,9) ~280(3,7) ~290(3,7) 1112)
Kryptocurin	$(C_{20}H_{27}O_2N_2^+)_{1-2}$	brasil. Viburnacee (?) [1114]						Cl⁻ ATN ~225(4,5) ~270(3,7) ~278(3,7) ~290(3,65) 1114)
Alkaloid AD-IV	$C_{20}H_{28}O_2N_2$	Aspidosperma discolor [1135] ⟶ Nachtrag	165-166° 1135)		-16° PRD 1135)	1135)		ATN 227(4,43) 280(3,93) ~296_s(3,88) 1135)
Pleiocarpamin	$C_{21}H_{24}O_2N_2$	Pleiocarpa mutica [1144]	159° 1144)		+123° CRF 1144)	1140)	1140)	ATN 231(4,49) 286(3,92) 1144)

1136) R.A. Seba, J.S. Campos und J.G. Kuhlmann, Bol. inst. vital Brazil 5, 175 (1954); Chem. Abstr. 49, 14270 (1955).
1137) S. Siddiqui und R.H. Siddiqui, J. Indian Chem. Soc. 8, 667 (1931); Chem. Zentr. 1932 I, 244.
1138) R. Paris, Ann. Pharm. Franc. 1, 138 (1943).
1139) Raymond-Hamet, Compt. rend. hebd. Séances Acad. Sci. 237, 1435 (1953).
1140) unveröffentlichte Versuche.
1141) C.P.N. Nair und P.P. Pillay, Tetrahedron 6, 89 (1959).
1142) B.K. Moza und J. Trojánek, Chem. and Ind. 1962, 1425.

Name	Summenformel	Vorkommen	Schm.	pKa	Dreh.	IR.	NMR.	UV.
Lochnericin	$C_{21}H_{24}O_3N_2$	Vinca rosea [1132)1141)1142)]	190-193° (Z.) 1143)	4,2 66 % DMF 1143)	-432° CRF 1143) —— -36° ATN 1141)	1078) 1132) 1141) 1143)		ATN 227(4,10) 299(4,15) 328(4,32) 1078),1132) 1141),1143)
Schizogamin	$C_{21}H_{24}O_3N_2$	Schizozygia caffaeoides [1088)]	123-125° 1088)	4,35 80 % MCS 1088)	-8° CRF 1088)	1088)		MTN 264(4,09) 302(4,00) 1088)
Vincarin	$C_{21}H_{24}O_3N_2$	Vinca erecta [1146)]						
Gelsevirin	$C_{21}H_{24-26}O_3N_2$	Gelsemium sempervirens [1107)]	Oel . CH_3J 259-262° (Z.) 1107)			1107)		
Ervin	$C_{21}H_{24}O_3N_2$	Vinca erecta [1146)]						
Isoschizo-gamin	$C_{21}H_{24}O_3N_2$	Schizozygia caffaeoides [1088)]	184-185° 1088)	4,58 80 % MCS 1088)	-239° CRF 1088)	1088)	1088)	MTN 259(4,12) 290(3,87) 1088)
Hanadamin	$C_{21}H_{24}O_4N_2$	Uncaria kawakamii [1147)]	187° 1147)		-124° ATN 1147)			
Vincarein	$C_{21}H_{24}O_4N_2$	Vinca minor [1148)1149)]	205-206° 1148)		-28° CRF 1148)	1148)		MTN 227(4,35) 274(3,76) 286_s(3,66) 1148)
Kounidin	$C_{21}H_{24}O_5N_2$	Gelsemium elegans [1118)]	315° 1118)		0° 1118)			

1143) M. Gorman, N. Neuss, G.H. Svoboda, A.J. Barnes und N.J. Cone, J. Amer. Pharm. Assoc., Sci. Edn. 48, 256 (1959).
1144) W.G. Kump und H. Schmid, Helv. Chim. Acta 44, 1503 (1961).
1145) unveröffentlichte Versuche.
1146) S.J. Junusov, zitiert bei O. Štrouf und K. Kavková, Chem. Listy 56, 987 (1962).
1147) H. Kondo und K. Oshima, J. Pharm. Soc. Japan 52, 63 (1932); Chem. Zentr. 1932 II, 2823.
1148) J. Mokrý, I. Kompiš, O. Bauerová, J. Tomko und Š. Bauer, Experientia 17, 354 (1961).

Name	Summenformel	Vorkommen	Schm.	pKa	Dreh.	IR.	NMR.	UV.
Toxiferin VII	$C_{21}H_{25}O_2N_2^+$	Strychnos toxifera [1100]	Pikr. >300° [1100]					
Toxiferin VI	$C_{21}H_{25}O_5N_2^+$	Strychnos toxifera [1100]	Pikr. >300° [1100]					
Semperflorin	$C_{21}H_{26}ON_2$	Rauwolfia semperflorens [1150]	295° (Z.) [1150]			[1150]		~250(3,95) ~292(3,4) [1150]
Hypoquebrach-amin	$C_{21}H_{26}O_2N_2$	Aspidosperma quebracho-blanco [1151]	~80° [1151]					
Retulin	$C_{21}H_{26}O_2N_2$	Strychnos holstii var. reticulata [1152]	165-166° [1152]					wie Strychnin [1152]
Vinca-majorein	$C_{21}H_{26-28}O_2N_2$	Vinca major [1153][1154]	246-247° [1154] 271° [1154]			[1154]		ATN 246(4,13) 310(3,6) [1154]
Caracurin IV	$C_{21}H_{26}O_3N_2$	Strychnos toxifera [1115]						.HCl WS ~260 ~312 [1115]
Sitsirikin	$C_{21}H_{26}O_3N_2$	Vinca rosea [1155] → Nachtrag	.1/2H₂SO₄ 239-241° (Z.) [1155]	7,6 66 % DMF [1155]	+23° CRF [1078] [1155]	[1078] [1155]		ATN 224(4,51) 282(3,86) 288(3,79) [1078],[1155]
Schizophyllin	$C_{21}H_{26}O_3N_2$	Schizozygia caffaeoides [1088]	129-130° [1088]	6,13 80 % MCS [1088]	-64° CRF [1088]	[1088]	[1088]	MTN 251(3,89) 299(3,61) [1088]

1149) O. Bauerová, J. Mokrý, I. Kompiš, Š. Bauer und J. Tomko, Chem. Zvesti 15, 523 (1961).
1150) E. Schlittler und A. Furlenmeier, Helv. Chim. Acta 36, 996 (1953).
1151) O. Hesse, Liebigs Ann. Chem. 211, 249 (1882).
1152) J. Bosley, J. Pharm. Belg. 6, 150, 243 (1951); Chem. Abstr. 46, 2756 (1952).
1153) M.-M. Janot und J. Le Men, XIV. Internationaler Kongress für reine und angewandte Chemie, Zürich 1955.
1154) M.-M. Janot und J. Le Men, Ann. Pharm. Franc. 13, 325 (1955).
1155) G.H. Svoboda, M. Gorman, N. Neuss und A.J. Barnes, J. Amer. Pharm. Assoc., Sci. Edn. 50, 409 (1961).

Name	Summenformel	Vorkommen	Schm.	pKa	Dreh.	IR.	NMR.	UV.
Ervinidin	$C_{21}H_{26}O_4N_2$	Vinca erecta [1146]						
Powerin	$C_{21}H_{26}O_4N_2$	Ochrosia poweri [1156]	188-189° [1156]	7,6 [1156]	-216° ACT [1156]	[1156] [1235]		ATN 224(4,38) 280(3,93) [1156], [1235]
C-Alkaloid R	$(C_{21}H_{27}O_2N_2^+)_{1-2}$	Calebassen-Curare [1095]	Cl⁻ 312° (Z.) [1095]					Cl⁻ ATN ~248(3,8) ~288(3,25) [1095]
Vincadin	$C_{21}H_{28}O_2N_2$	Vinca minor [1157] ⟶ Nachtrag	70-75° [1157]		+92° ATN [1157]	[1157]		ATN 228(4,57) 286(3,93) 290_s(3,89) [1157]
Kisantin	$C_{21}H_{28}O_3N_2$	Tabernanthe iboga [1134]	236-238° [1134] 130-135° [1235]		-15° CRF [1134]	[1134] [1235]		ATN 213(4,50) 270-276 (3,80) 296_s(3,67) [1134], [1235]
Raugallin	$C_{21}H_{28-30}O_3N_2$	Rauwolfia serpentina [1158][1159]	185° [1158]		+133° CRF [1158]	[1158]		250(3,92) 290(3,44) [1158]
Pelirin	$C_{21}H_{28}O_4N_2$	Rauwolfia perakensis [1160]	130-131° [1160]		-121° ATN [1160]	[1235]		ATN ~230$_s$ 328(4,33) [1160], [1235]
Gabonin	$C_{21}H_{28}O_4N_2$	Tabernanthe iboga [1134]	223-226° [1134]		+65° CRF [1134]	[1134]		ATN 253(4,40) 287-288 (3,84) 355-359 (3,77) [1134]

1156) F. A. Doy und B. P. Moore, Austral. J. Chem. 15, 548 (1962).
1157) J. Mokrý, L. Dúbravková und P. Šefčovič, Experientia 18, 564 (1962).
1158) J.-P. Le Gall, Ann. Pharm. Franc. 18, 817 (1960).
1159) A. Quevauviller, O. Blanpin und J. Garet-Pottier, Ann. Pharm. Franc. 20, 19 (1962).

Name	Summenformel	Vorkommen	Schm.	pKa	Dreh.	IR.	NMR.	UV.
C-Fluoro-curinin	$C_{21}H_{29}O_2N_2^+$	Calebassen-Curare [1091)1161)] Strychnos froesii [1092)] S. mitscherlichii (smilacina) [1099)] S. rubiginosa [1092)] S. solimoesana [1102)] S. tomentosa [1092)1094)] S. trinervis [1093)]	Pikr. 213 1090)			1145)		Cl⁻ 50 % MTN ∼ 222(4,4) ∼ 245(4,2) ∼ 300(3,8) ∼ 420(3,7) 1090)
Samatin	$C_{21}H_{32}O_7N_2$	Rauwolfia verticillata [1162)]	284-285° 1162)		.HCl +15° 1162)			.HCl 272(3,97) 299(3,73) 1162)
Adifolin (Adinin) [1163)]	$C_{22}H_{20}O_8N_2$	Adina cordifolia [1163)]	195-196° 1163)			1163)	1163)	ATN 235(4,59) 285(4,38) 365(3,67) 1163)
Callichilin	$C_{22}H_{24}O_3N_2$	Callichilia subsessilis [1164)]	235° 1164)	5,34 1164)	-460° CRF 1164)	1164)		ATN 215(4,30) ∼ 255$_s$(3,7) 300(3,85) 330(3,91) 1164)
Fruticosamin	$C_{22}H_{24}O_4N_2$	Kopsia fruticosa [1165)1166)]	161-162° 1165) 177-181° 1166)	4,19 MCS 1165)	+43° CRF 1165)	1165) 1166)	1165) 1166)	ATN 243(4,17) 280(3,42) 286(3,40) 1165), 1166)
Fruticosin	$C_{22}H_{24}O_4N_2$	Kopsia fruticosa (K. pruniformis) [1165)1166)1167)1168)]	221-223° (Z.) 1165) 225-226° 1166)	4,78 MCS 1165)	-21° CRF 1165)	1165) 1166)	1165) 1166)	ATN 245(4,19) 281(3,50) 288(3,47) 1165), 1166)
Voacafricin	$C_{22}H_{24-26}O_4N_2$	Voacanga africana [1170)]	196-198° 1170)			1170)		.HCl MTN 238(4,27) 315(4,35) 1169), 1170)

1160) A.K. Kiang und A.S.C. Wan, J. Chem. Soc. 1960, 1394.
1161) A. Zürcher, O. Ceder und V. Boekelheide, J. Amer. Chem. Soc. 80, 1500 (1958).
1162) C.-C. Liu, J.-Y. Lo und L. Shi, K'o Hsüeh T'ung Pao 1958, 52; Chem. Abstr. 55, 24802 (1961).
1163) A.D. Cross, F.E. King und T.J. King, J. Chem. Soc. 1961, 2714.
1164) R. Goutarel, A. Rassat, M. Plat und J. Poisson, Bull. Soc. Chim. France 1959, 893.
1165) A. Guggisberg, T.R. Govindachari, K. Nagarajan und H. Schmid, Helv. Chim. Acta 46, 679 (1963).
1166) A.R. Battersby und H. Gregory, J. Chem. Soc. 1963, 22.
1167) A. Chatterjee und A. Deb, Science and Culture 28, 195 (1962).

Name	Summenformel	Vorkommen	Schm.	pKa	Dreh.	IR.	NMR.	UV.
Toxiferin VIII	$C_{22}H_{25}O_3N_2^+$	Strychnos toxifera [1100)1113)]	Pikr. >300° 1100)					
Akuammilin	$C_{22}H_{24}O_4N_2$	Pikralima nitida (P. klaineana) [1120)]	160° 1120)		+48° ATN 1120)	1171)		220(4,25) 240(3,54) 1171)
Macoubein	$C_{22}H_{26}O_2N_2$	Macoubea guyanensis [1172)]	195° subl. 1172)		−56° ATN 1172)			
Voacafrin	$C_{22}H_{26}O_4N_2$	Voacanga africana [1170)]	135-137° (Z.) 1170)	.HCl 6,56 DOA-WS 1170)	.HCl −107° MTN 1170)	1170)		.HCl MTN 240(4,23) 315(4,32) 1169),1170)
Mitraversin	$C_{22}H_{26}O_4N_2$ (?)	Mitragyna diversifolia [1173)]	237° 1173)					
Melinonin L	$C_{22}H_{26}O_4N_2$	Strychnos melinoniana [1116)]	248-250° 1116)					WS-ATN ~220(4,7) ~265(3,9) ~275(3,8) 1116)
Lochnerinin	$C_{22}H_{26}O_4N_2$ = Methoxylochnericin	Catharanthus roseus [1142)]	168-169° 1142)		−424° CRF 1142)	1142)		MTN 247(4,20) 312$_s$(4,24) 326(4,33) 1142)
Dichotamin	$C_{22}H_{26}O_4N_2$	Vallesia dichotoma [1174)]	254-257° 1174)	5,4 + 10,8 66 % DMF 1174)	−105° CRF 1174)	1174)		ATN 255(4,04) 280-290$_s$ (3,43-3,29) 1174)
Virosin	$C_{22}H_{26}O_4N_2$	Vinca rosea [1131)1132)]	257-262° (Z.) 1131)		−161° CRF 1132)	1131) 1132)		ATN 226 270 280$_s$ 292$_s$ 1131),1132)

1168) T. R. Govindachari, B. R. Pai, S. Rajappa, N. Viswanathan, W. G. Kump, K. Nagarajan und H. Schmid, Helv. Chim. Acta 46, 572 (1963).

1169) N. Neuss und N. J. Cone, Experientia 15, 414 (1959).

1170) K. V. Rao, J. Org. Chem. 23, 1455 (1958).

Name	Summenformel	Vorkommen	Schm.	pKa	Dreh.	IR.	NMR.	UV.
Chairamin	$C_{22}H_{26}O_4N_2$	Remijia purdieana [1175]	140° [1175] 233° [1175]		~ +100° ATN [1175]			~222(4,5) ~248$_s$(4,2) ~268$_s$(3,9) ~283(3,7) ~292(3,7) ~322(2,8) ~353(2,8) [1176]
Conchairamin	$C_{22}H_{26}O_4N_2$	Remijia purdieana [1175]	82-86° [1175] 108-110° [1175] 120° [1175]		+68° ATN [1175]			
Conchair-amidin	$C_{22}H_{26}O_4N_2$	Remijia purdieana [1175]	114-115° [1175]		-60° ATN [1175]			
Alkaloid RP-1	$C_{22}H_{26}O_4N_2$	Rauwolfia perakensis [1160]	amph. [1160] Pikr. 204-205° [1160]					
C-Alkaloid Q	$(C_{22}H_{27}O_3N_3)_{1-2}$	Calebassen-Curare [1095]	276-283° (Z.) [1095]					ATN ~220(4,65) ~272(3,85) ~280(3,8) ~289(3,7) [1095]
Aspidosamin	$C_{22}H_{28}O_2N_2$	Aspidosperma quebracho-blanco [1151] Aspidosperma quirandy [1177] Aspidosperma peroba [1129]	~100° [1151]					
Vincorin	$C_{22}H_{28}O_3N_2$	Vinca minor [1157]	93-94° [1157]		-142° ATN [1157]	[1157]		ATN 254(4,01) 326(3,59) [1157]

1171) M.F. Millson, R. Robinson und A.F. Thomas, Experientia 9, 89 (1953).
1172) F.W. Freise, Pharmac. Zeitg. 81, 818 (1936).
1173) E. Field, J. Chem. Soc. 119, 887 (1921).
1174) J.S.E. Holker, M. Cais, F.A. Hochstein und C. Djerassi, J. Org. Chem. 24, 314 (1959).
1175) O. Hesse, Liebigs Ann. Chem. 225, 211 (1884).
1176) Raymond-Hamet, Compt. rend. hebd. Séances Acad. Sci. 247, 1387 (1958).
1177) L. Floriani, Rev. centro estud. farm. bioquim. 25, 373, 423 (1935); Chem. Abstr. 30, 1415 (1936).

Name	Summenformel	Vorkommen	Schm.	pKa	Dreh.	IR.	NMR.	UV.
Vincaminorin	$C_{22}H_{30}O_2N_2$	Vinca minor [1130)1149)1179)1180)]	130-131° 1180)		+46° ATN 1180)	1180)		ATN (?) 226(4,58) 282(3,73) 291_s(3,55) 1180)
Vincaminorein	$C_{22}H_{30}O_2N_2$	Vinca minor [1130)1181)] ⟶ Nachtrag	126° 1181)			1181)		230(4,65) 288(3,95) 296(3,93) 1181)
Cusconin	$C_{23}H_{26}O_4N_2$	Cinchona pelletieriana [1182)1183)]	110° 1183)		-54° ATN 1183)			
Concusconin	$C_{23}H_{26}O_4N_2$	Remijia purdieana [1175)]	144° 1175) 206-208° 1175)		+41° ATN 1175)			
Picralin	$C_{23}H_{26-28}O_5N_2$	Picralima nitida (P. klaineana) [1184)] ⟶ Nachtrag	180-182° 1184)		+124° MTN 1184)	1184)	1184)	ATN 232(3,88) 287(3,41) 1184)
Kopsaporin	$C_{23}H_{26}O_6N_2$	Kopsia singapurensis [1185)]	234° (Z.) 1185)	5,27 1185)	+48° 1185)			245(4,17) 280(3,41) 1185)
Holstiin	$C_{23}H_{28}O_4N_2$	Strychnos holstii var. reticulata [1152)]	248-250° 1152)		+269° CRF 1152)	1178)		analog Strychnin 1152)
Vellosin	$C_{23}H_{28}O_4N_2$	Geissospermum vellosii (?) [1186)1187)]	189° 1186)		+23° CRF 1186)	1188)		261(~4,1) 291(~3,35) 1188)

1178) K. Eiter und O. Svierak, Monatshefte Chem. 83, 1453 (1952).
1179) J. Mokrý und I. Kompiš, referát na I. konferenci o kardiovaskulárně účinných lálkách, Smolenice, listopad 1959, zitiert bei O. Štrouf und K. Kavková, Chem. Listy 56, 987 (1962).
1180) J. Trojánek, J. Hoffmannová, O. Štrouf und Z. Čekan, Coll. Czech. Chem. Comm. 24, 526 (1959).
1181) J. Trojánek, O. Štrouf, K. Kavková und Z. Čekan, Coll.Czech. Chem. Comm. 25, 2045 (1960).
1182) O. Hesse, Ber. dtsch. chem. Ges. 9, 742 (1876).
1183) O. Hesse, Liebigs Ann. Chem. 185, 296 (1877).
1184) L. Olivier, J. Lévy, J. Le Men und M.-M. Janot, Ann. Pharm. Franc. 20, 361 (1962).
1185) A.K. Kiang und R.D. Amarasingham, Proc. Symposium Phytochem., Kuala Lumpur 1957, 165; Chem. Abstr. 53, 14131 (1959).
1186) M. Freund und C. Fauvet, Ber. dtsch. chem. Ges. 26, 1084 (1893).
1187) M. Freund und C. Fauvet, Liebigs Ann. Chem. 282, 247 (1894).
1188) Raymond-Hamet, Compt. rend. hebd. Séances Acad. Sci. 245, 2374 (1957).

Name	Summenformel	Vorkommen	Schm.	pKa	Dreh.	IR.	NMR.	UV.
Unbenannt	$C_{23}H_{28}O_5N_2$	Strychnos henningsii [1189)1190)]	281-282° [1189)]		-81° ATN [1190)]			
Kopsiflorin	$C_{23}H_{28}O_5N_2$	Kopsia longiflora [1191)1192)]	144-145° [1192)]	6,38 70 % MTN [1191)]	-67° CRF [1191)]	[1192)]		ATN 213(~4,0) 243(~4,2) 276(~3,6) 285(~3,6) [1191)]
Cimicidin	$C_{23}H_{28}O_5N_2$	Haplophyton cimicidum [1194)1195)]	268-270° [1194)]		+123° CRF [1195)]	[1193)] [1195)]		ATN 228 260 [1195)]
Mitraspecin	$C_{23}H_{28-30}O_5N_2$	Mitragyna speciosa [1196)]	244-245° [1196)]		-59° CRF [1196)]			~222(4,7) ~244(4,4) ~286(3,5) ~294(3,3) [1197)]
Kopsingarin	$C_{23}H_{28-30}O_7N_2$	Kopsia singapurensis [1185)1192)]	230° (Z.) [1192)]	5,83 [1185)]	+14° [1185)]			247(4,14) 280(3,36) 288(3,32) [1185)]
Raunamin	$C_{23}H_{30}O_4N_2$	Rauwolfia micrantha [1198)]	206-207° [1198)]		+60° ATN [1198)]	[1198)]		280 295 s [1198)]
Poweramin	$C_{23}H_{30}O_4N_2$ (?)	Ochrosia poweri [1156)]	241-242° (Z.) [1156)]			[1156)]		ATN 228(4,60) 267(3,84) 297(3,86) [1156)]
Holstilin	$C_{23}H_{30}O_4N_2$	Strychnos holstii var. reticulata [1152)]	219-220° [1152)]					wie Strychnin [1152)]

1189) M. Rindl, S. African J. Sci. 26, 50 (1929); Chem. Abstr. 24, 2832 (1930).
1190) M. Rindl und L. Sapiro, Trans. Roy. Soc. South-Africa 23, 361 (1936); Chem. Zentr. 1936 I, 3514.
1191) W. D. Crow und M. Michael, Austral. J. Chem. 8, 129 (1955).
1192) W. D. Crow und M. Michael, Austral. J. Chem. 15, 130 (1962).
1193) H. R. Snyder, R. F. Fischer, J. F. Walker, H. E. Els und G. A. Nussberger, J. Amer. Chem. Soc. 76, 4601 (1954).
1194) H. R. Snyder, R. F. Fischer, J. F. Walker, H. E. Els und G. A. Nussberger, J. Amer. Chem. Soc. 76, 2819 (1954).
1195) E. F. Rogers, H. R. Snyder und R. F. Fischer, J. Amer. Chem. Soc. 74, 1987 (1952).
1196) Denis, Bull. Cl. Sci. Acad. roy. Belg. 24, 653 (1938); Chem. Zentr. 1939 I, 1181.
1197) Raymond-Hamet, Ann. Pharm. Franc. 8, 482 (1950).
1198) P. P. Pillay, D. S. Rao und S. B. Rao, J. Sci. Ind. Res. (India) 19 B, 135 (1960).

Name	Summenformel	Vorkommen	Schm.	pKa	Dreh.	IR.	NMR.	UV.
Vincaridin	$C_{23}H_{30}O_5N_2$	Vinca erecta [1146]						
Alkaloid C	$C_{23}H_{34}O_7N_2$	Strychnos icaja [1199]	.HCl >350° [1199]		.HCl +47° [1199]			.HCl WS 266 297 ähnlich Brucin [1199]
Alkaloid B	$C_{23}H_{34}O_8N_2$	Strychnos icaja [1199]	.HCl 195-196° (Z.) [1199]		.HCl +27° [1199]			.HCl WS 266 297 ähnlich Brucin [1199]
Alkaloid RP-2	$C_{24}H_{28}O_4N_2$	Rauwolfia perakensis [1160]	amph. [1160] Pikr. 136-138° [1160]					
Condensamin	$C_{24}H_{28}O_5N_2$	Strychnos holstii var. reticulata [1152]	262-265° [1152]					wie α-Colubrin [1152]
Kopsamin	$C_{24}H_{28}O_7N_2$	Kopsia longiflora [1191][1200] Kopsia pruniformis [1200]	205-206° [1200]	6,58 70 % MTN [1191]	-48° CRF [1200]	[1192]		ATN ~230(4,5) ~253$_s$(4,2) ~289(3,25) ~297(3,2) [1191]
Kopsingin	$C_{24}H_{28}O_7N_2$	Kopsia singapurensis [1185][1192]	270-274° (Z.) [1192]	5,63 [1185]	+75° [1185]	[1235]		ATN 215(4,58) 253(4,06) 280(3,40) [1185], [1235]
Lancein	$C_{24}H_{30}O_4N_2$ oder $C_{20}H_{26}O_3N_2$	Lochnera lancea [1201]	198° [1201]		+64° ATN [1201] +62° CRF [1201]	[1201] [1235]		MTN 228(4,02) 300(4,06) 325(4,20) [1201], [1235]

1199) F. Jaminet, J. Pharm. Belg. 8, 339, 449 (1953); Chem. Abstr. 48, 8482 (1954).
1200) N.G. Bisset, W.D. Crow und Y.M. Greet, Austral. J. Chem. 11, 388 (1958).
1201) M.-M. Janot, J. Le Men und Y. Gabbai, Ann. Pharm. Franc. 15, 474 (1957).

Name	Summenformel	Vorkommen	Schm.	pKa	Dreh.	IR.	NMR.	UV.
Elliptamin	$C_{24}H_{30}O_5N_2$	Excavatia coccinea [1156] Ochrosia elliptica [1156] O. glomerata [1156] O. moorei [1156] O. poweri [1156]						
Vindolidin	$C_{24}H_{30}O_5N_2$	Catharanthus roseus [1142] ⟶ Nachtrag	167° 1142)		-31° CRF 1142)	1142)		MTN 250(3,98) 302(3,52) 1142)
Unbenannt	$C_{24}H_{30}O_5N_2$	Strychnos henningsii [1190]	215° 1190)					
Kopsilongin	$C_{24}H_{30}O_6N_2$	Kopsia longiflora [1191)1200]	210-211° 70 % MTN 1200)	6,60	-4° CRF 1200)	1192)		ATN ∼ 222(4,3) ∼ 254(4,1) ∼ 288(3,3) 1191)
Herbacein	$C_{24}H_{32}O_6N_2$	Vinca herbacea [1202]	144-145° (Z.) 1202)		-219° PRD 1202)	1202)		ATN 226(4,53) 280$_s$(3,83) 300(4,04) 1202)
Alkaloid RP-3	$C_{24}H_{32}O_6N_2$	Rauwolfia perakensis [1160]	amph. 1160) Pikr. 167-168° 1160)					
Chandrin	$C_{25}H_{30}O_8N_2$	Rauwolfia serpentina [1203]	230-231° 1204)					
Vindolicin	$C_{25}H_{32}O_6N_2$ oder $C_{50}H_{62}O_{12}N_4$	Vinca rosea [1155]	248-251° + 265-267° (Z.) 1155)	5,4 66 % DMF 1155)	-48° CRF 1155)	1155) 1235)		ATN 212(4,47) 258(3,97) 309(3,79) 1155),1235)
Quebrachacidin	$C_{26}H_{28}O_{11}N_2$	Aspidosperma quebracho-blanco [1205]	234-238° 1205)		-250° ATN 1205)			237(4,24) 272(4,31) 350(3,43) 1205)

1202) N. Mollov, J. Mokri, I. Ognjanov und P. Dalev, Compt. rend. Acad. bulg. Sci. 14, 43 (1961).
1203) B. Rakshit, Indian Pharmacist 9, 226 (1954); Chem. Abstr. 49, 4938 (1955).
1204) B. Rakshit, Indian Pharmacist 10, 84 (1954); Chem. Abstr. 49, 10329 (1955).
1205) P. Tunmann und J. Rachor, Naturwissenschaften 47, 471 (1960).

Name	Summenformel	Vorkommen	Schm.	pKa	Dreh.	IR.	NMR.	UV.
Haplophytin	$C_{27}H_{31}O_5N_3$	Haplophyton cimicidum [1194)1195)]	293-296° (Z.) 1194)		+109° CRF 1195)	1193) 1195)		ATN 220 265(4,02) 305(3,52) 1195), 1206)
Alkaloid γ	$C_{34}H_{45}O_2N_3^{++}$ (?)	Strychnos amazonica [1207)]						~222(4,9) ~272(4,2) ~280(4,15) ~290(4,1) 1207)
Vincamicin	$C_{36}H_{40}O_6N_4$	Vinca rosea [1155)]	224-228° (Z.) 1155)	4,80 + 5,85 66 % DMF 1155)	+418° CRF 1155)	1155) 1235)		ATN 214(4,67) 264(4,19) 315 341(4,02) 1155), 1235)
Toxiferin XII	$C_{39}H_{46}ON_4^{++}$ (?)	Strychnos toxifera [1100)1113)]	Pikr. >333° 1100)					
C-Isodihydro-toxiferin I	$C_{40}H_{46}N_4^{++}$ (?)	Calebassen-Curare [1123)]	Pikr. 242° (Z.) 1123)		Cl⁻ -638° WS 1111) -566° WS 1123)			Cl⁻ WS 285(4,2) 1090), 1111)
C-Alkaloid B	$C_{40}H_{46}O_2N_4^{++}$ (?)	Calebassen-Curare [1091)] Strychnos mitscherlichii [1099)]	Pikr. >270 1090)					Cl⁻ WS ~235 ~285 1090)
Pleiomutinin	$C_{40}H_{46-48}O_2N_4$	Pleiocarpa mutica [1144)]	>220° 1144)					ATN 209(4,72) 255-257 (4,20) 310-313 (3,66) 330(3,64) 1144)
Toxiferin II	$C_{40}H_{48}O_4N_4^{++}$	Calebassen-Curare [1123)] Strychnos toxifera [1123)]	Pikr. 216° 1123)					

1206) H. R. Snyder, H. F. Strohmayer und R. A. Mooney, J. Amer. Chem. Soc. 80, 3708 (1958).

1207) C. G. Casinovi, Gazz. Chim. Ital. 87, 1174 (1957).

Name	Summenformel	Vorkommen	Schm.	pKa	Dreh.	IR.	NMR.	UV.
C-Alkaloid BL	$C_{40}H_{50}O_2N_4^{++}$	Calebassen-Curare [1208)	Pikr. 172-178° 1208)			1208)		MTN 259(4,2) 1208)
Villalstonin	$C_{40}H_{50}O_4N_4$	Alstonia macrophylla [1209) Alstonia muelleriana [1235) Alstonia somersetensis [1209) Alstonia villosa [1209)	235-240° (Z.) 1210)	5,8 1210)	.2HCl +56° WS 1209)	1210) 1235)		ATN 231(4,62) 250_s(4,05) 286(3,99) 293_s 1210), 1235)
Macralsto-nidin	$C_{41}H_{50}O_3N_4$	Alstonia macrophylla [1209) Alstonia somersetensis [1209)	~270° 1209)		+175° BZ 1209)			
Conodurin	$C_{41}H_{50}O_5N_4 \pm CH_2$	Conopharyngia durissima [1089)	222-225° (Z.) 1089)		-101° CRF 1089)	1089) 1235)		ATN 223(4,75) 285(4,16) 290(4,16) 1089), 1235)
Voacalin	$C_{41}H_{50}O_6N_4$	Voacanga africana [1211)	280-285° 1211)		-50° CRF 1211)			225 295 1211)
Conoduramin	$C_{41}H_{50}O_6N_4 \pm CH_2$	Conopharyngia durissima [1089)	215-218° (Z.) 1089)	7,00 + 5,40 MCS 1089)	-77° CRF 1089)	1089)		MTN 228(4,75) 287(4,14) 295(4,17) 1089)
Vobtusin	$C_{42}H_{48}O_6N_4$ oder $C_{42}H_{50}O_7N_4$ oder $C_{45}H_{54}O_8N_4$	Callichilia subsessilis [1164) Voacanga africana [1212) V. dregei [1214) V. schweinfurthii [1213) V. thouarsii var. obtusa [1212)	286° 1212) 305-306° (Z.) 1214)	6,95 1215)	-321° CRF 1212)	1164) 1212) 1213) 1214) 1235)		MTN 219(4,63) 258(4,09) 296(4,19) 329(4,20) 1164), 1212) 1213), 1235)
Hunterin	$C_{42}H_{52}O_4N_4$	Hunteria eburnea [1216)	264-265° (Z.) 1216)	7,0 + 7,4 66 % DMF 1216)	-205° CRF 1216)	1216) 1235)		ATN 228(4,59) 250_s(3,98) 293(4,05) 1216), 1235)

1208) I. Schmidt, P. Waser, H. Schmid und P. Karrer, Helv. Chim. Acta 43, 1218 (1960).
1209) T. M. Sharp, J. Chem. Soc. 1934, 1227.
1210) A. Chatterjee, S. K. Talapatra und N. Adityachaudhury, Chem. and Ind. 1961, 667.
1211) J. La Barre und L. Gillo, Compt. rend. soc. biol. 150, 1628 (1956); Chem. Abstr. 51, 7568 (1957).
1212) M.-M. Janot und R. Goutarel, Compt. rend. hebd. Séances Acad. Sci. 240, 1719 (1955).
1213) F. Fish, F. Newcombe und J. Poisson, J. Pharm. Pharmacol. 12, 41 T (1960).
1214) B. O. G. Schuler, A. A. Verbeek und F. L. Warren, J. Chem. Soc. 1958, 4776.

Name	Summenformel	Vorkommen	Schm.	pKa	Dreh.	IR.	NMR.	UV.
Pleiomutin	$C_{42-43}H_{52-56}O_2N_4$	Pleiocarpa mutica [1144]	amph. [1144]		-97° CRF [1144]			ATN 210(4,65) 233(4,53) 264(4,21) 286(3,99) 294(4,00) [1144]
Vincarodin	$C_{44}H_{52}O_{10}N_4$	Vinca rosea [1217]	253-256° (Z.) [1217]	5,8 66 % DMF [1217]	-197° CRF [1217]	[1217]		.HCl ATN 227(4,72) 270(4,20) 295(3,94) [1217], 1235]
Macralstonin	$C_{44}H_{54}O_5N_4$	Alstonia macrophylla [1209]	293° (Z.) [1209]		+28° CRF [1209]			
Coronarin	$C_{44}H_{56}O_6N_4$ (?)	Tabernaemontana coronaria [1218]	196-198° [1218]					
Voacamidin	$C_{45}H_{56}O_6N_4$	Voacanga africana [1219]	128-130° (Z.) [1219]		-175° CRF [1219]	[1219] [1235]		MTN 228(4,74) 293(4,32) [1219], 1235]
Macrophyllin	$C_{45}H_{54}O_5N_4$	Alstonia macrophylla [1220]	267-268° (Z.) [1220]		0° [1220]			
Voacamin (Voacanginin) → Nachtrag	$C_{45}H_{56}O_6N_4$	Stemmadenia donnell-smithii [1221] Tabernaemontana australis [1222] T. oppositifolia [1222] T. psychotrifolia [1222] Voacanga africana [1212] V. schweinfurthii [1213] V. thouarsii var. obtusa [1212]	223-224° (Z.) [1221]	5,45 + 7,14 [1215]	-52° CRF [1212]	[1212] [1213] [1215] [1223] [1224] [1235]		ATN 225(4,68) 286(4,17) 292(4,18) [1213], 1221] [1223], 1224] [1235]

1215) R. Goutarel und M.-M. Janot, Compt. rend. hebd. Séances Acad. Sci. 242, 2981 (1956).
1216) N. Neuss und N. J. Cone, Experientia 16, 302 (1960).
1217) G. H. Svoboda, M. Gorman, A. J. Barnes und A. T. Oliver, J. Pharm. Sci. 51, 518 (1962).
1218) A. N. Ratnagiriswaran und K. Venkatachalam, Quart. J. Pharm. Pharmacol. 12, 174 (1939).
1219) U. Renner, Experientia 13, 468 (1957).
1220) F. Manas-Santos und A. C. Santos, Univ. Philippines Natl. and Appl. Sci. Bull. 5, 153 (1936); Chem. Abstr. 31, 6243 (1937).
1221) F. Walls, O. Collera und A. Sandoval, Tetrahedron 2, 173 (1958).
1222) M. Gorman, N. Neuss, N. J. Cone und J. A. Deyrup, J. Amer. Chem. Soc. 82, 1142 (1960).
1223) M.-M. Janot, F. Percheron, M. Chaigneau und R. Goutarel, Compt. rend. hebd. Séances Acad. Sci. 244, 1955 (1957).
1224) R. Goutarel, F. Percheron und M.-M. Janot, Compt. rend. hebd. Séances Acad. Sci. 243, 1670 (1956).

Name	Summenformel	Vorkommen	Schm.	pKa	Dreh.	IR.	NMR.	UV.
Catharin	$C_{46}H_{52}O_9N_4$	Vinca rosea [1155)	. CH_3OH 271-275° (Z.) 1155)	5,34 66 % DMF 1155)	. CH_3OH -54° CRF 1155)	1155) 1235)		ATN 222(4,75) 264(4,18) 284_s(4,10) 292(4,08) 310_s(3,95) 1133), 1155) 1235)
Catharicin	$C_{46}H_{52}O_{10}N_4$	Vinca rosea [1217)	231-234° (Z.) 1217)	5,3 + 6,3 33 % DMF 1217)	+35° CRF 1217)	1217) 1235)		ATN 214 268 293 315 1133), 1217) 1235)
Voacorin	$C_{46}H_{56}O_7N_4$ oder $C_{45}H_{54}O_7N_4$	Voacanga africana [1215) Voacanga bracteata [1223) ⟶ Nachtrag	273° 1215)	6,40 MCS 1215) 1223)	+42° CRF 1215) -42° CRF 1223)	1215) 1223) 1235)		MTN 226(4,71) 285(4,25) 295(4,25) 1223), 1235)
Pleurosin	$C_{46}H_{56}O_{10}N_4$	Vinca rosea [1217)	191-194° (Z.) 1217)	4,4 + 5,55 33 % DMF 1217)	+61° CRF 1217)	1217) 1235)		ATN 214(4,68) 267(4,21) 310(3,75) 1133), 1217) 1235)
Carosin	$C_{46}H_{56}O_{10}N_4$	Vinca rosea [1217)	214-218° 1217)	4,4 + 5,5 33 % DMF 1217)	+6° CRF 1217)	1217) 1235)		ATN 216 255 294 1133), 1217) 1235)
Neoleurocristin	$C_{46}H_{56}O_{12}N_4$	Vinca rosea [1217)	188-196° (Z.) 1217)	4,68 33 % DMF 1217)	-58° CRF 1217)	1217) 1235)		ATN 218(4,64) 257(4,15) 264_s 290_s 298(4,19) 1133), 1217) 1235)

Name	Summenformel	Vorkommen	Schm.	pKa	Dreh.	IR.	NMR.	UV.
Leurosin	$C_{46}H_{58}O_9N_4$	Vinca rosea [1131)1132)1226)]	202-205° (Z.) 1226)	5,5 + 7,5 WS 1133)	+72° CRF 1126)	1131) 1132) 1133) 1227) 1235)		ATN 214(4,74) 262(4,22) 288(4,15) 296(4,12) 310_s 1131), 1226) 1235)
Isoleurosin	$C_{46}H_{60}O_9N_4$	Vinca rosea [1155)]	202-206° (Z.) 1155)	4,8 + 7,3 66 % DMF 1155)	+61° CRF 1155)	1155) 1235)		ATN 214(4,70) 261(4,21) 287(4,09) $296_s(4,06)$ $310_s(3,87)$ 1133), 1155) 1235)
Neoleurosidin	$C_{48}H_{62}O_{11}N_4$	Vinca rosea [1217)]	219-225° (Z.) 1217)	5,1 33 % DMF 1133)	+42° CRF 1217)	1217) 1235)		ATN 214(4,72) 268(4,23) 285_s 295_s $310_s(3,78)$ 1133), 1217) 1235)
Vindolidin	$C_{48}H_{64}O_{10}N_4$	Vinca rosea [1217)]	244-250° (Z.) 1217)	4,7 + 5,3 33 % DMF 1217)	-113° CRF 1217)	1217) 1235)		ATN 215(4,64) 261(4,26) 311(4,05) 1133), 1217) 1235)

1225) M. Hesse, Dissertation, Zürich 1963.
1226) N. Neuss, M. Gorman, G.H. Svoboda, G. Maciak und C.T. Beer, J. Amer. Chem. Soc. 81, 4754 (1959).
1227) M. Gorman, N. Neuss und G.H. Svoboda, J. Amer. Chem. Soc. 81, 4745 (1959).

Indolalkaloide unbekannter Struktur ohne Summenformel

Name	Vorkommen	Schm.	pKa	Dreh.	IR.	NMR.	UV.
Melinonin I	Strychnos melinoniana 1116)	Pikr. 160-170° 1116)					Cl⁻ ATN ~220 ~265 ~280 ~290 1116)
C-Alkaloid L	Calebassen-Curare 1091) Strychnos froesii 1092) Strychnos rubiginosa 1092) Strychnos subcordata 1228)	Pikr. 171° 1090)					Cl⁻ WS ~240 ~280 1090)
Alkaloid AD-V	Aspidosperma discolor 1135)	194-195° (Z.) 1135)					ATN 223 280 ~296 1135)
Melinonin K	Strychnos melinoniana 1116)	Pikr. 196-199° (Z.) 1116)					Cl⁻ ATN ~220 ~270 ~280 ~290 1116)
Perobin	Aspidosperma polyneuron 1229)	201-202° 1229)		+93° ATN 1229)			MTN 256 1229)
Leurosidin (Vinrosidin) 1235)	Vinca rosea 1133)	208-211° (Z.) 1133)	5,0 + 8,8 33 % DMF 1133)	+56° CRF 1133)	1235)		ATN 214(4,65) 262(4,14) 1133), 1235)
Alkaloid A	Rauwolfia sellowii 1136)	210-211° 1136)					
Alkaloid B	Rauwolfia sellowii 1136)	225-227° 1136)					
Perakenin	Rauwolfia perakensis 1230)	236° (Z.) 1230)					wie Rauwolfinin 1230)

1228) A. Penna, M. A. Jorio, S. Chiavarelli und G. B. Marini-Bettòlo, Gazz. Chim. Ital. 87, 1163 (1957).
1229) L. D. Antonaccio, Rev. Quím. ind. (Rio de Janeiro) 26, 149 (1957); Chem. Abstr. 52, 14081 (1958).
1230) A. Chatterjee und S. Talapatra, Naturwissenschaften 42, 182 (1955).

Name	Vorkommen	Schm.	pKa	Dreh.	IR.	NMR.	UV.
Alkaloid D$_1$	Geissospermum vellosii 1127)	237-238° 1127)			1127)		ATN 230 290 380 475 1127)
Melinonin M	Strychnos melinoniana 1116)	Pikr. 245-246° (Z.) 1116)					Cl⁻ ATN ~250 ~310 ~370 ~410$_s$ ~440$_s$ 1116)
Alkaloid M	Alstonia macrophylla 1209)	SO$_4^{--}$ 257° 1209)		SO$_4^{--}$ -72° WS 1209)			
Carosidin	Vinca rosea 1217)	263-278° + 283° (Z.) 1217)		-90° CRF 1217)	1217) 1235)		ATN 212 254 303 1133), 1217) 1235)
Unbenannt	Hortia braziliana 1231)	268-269° 1231)					ATN ~318(4,26) ~342(4,11) 1231)
C-Alkaloid C	Calebassen-Curare 1091) Strychnos mitscherlichii 1099) Strychnos solimoesana 1102)	Pikr. >270° 1090)					Cl⁻ WS ~235 ~285 1090)
Alkaloid V	Alstonia villosa 1209)	273° (Z.) 1209)		+55° CRF 1209)			
Lactam 3	Pleiocarpa tubicina 1232)	287° (Z.) 1232)			1232)		ATN 206 244 296 1232)
Unbenannt	Rauwolfia semperflorens 1150)	323° 1150)			1150)		~228(4,6) ~278(3,9) 1150)

1231) I. J. Pachter, R. J. Mohrbacher und D. E. Zacharias, J. Amer. Chem. Soc. 83, 635 (1961).

1232) C. Kump und H. Schmid, Helv. Chim. Acta 45, 1090 (1962).

Indolalkaloide unbekannter Struktur ohne Summenformel und ohne Schmelzpunkt

Name	Vorkommen	pKa	Dreh.	IR.	NMR.	UV.
C-Alkaloid V	Calebassen-Curare [1233]					254 296 1233)
Alkaloid VM-15	Vinca minor [1149)1157]		-534° 1157)			
C-Alkaloid X	Calebassen-Curare [1101]					Cl⁻ WS ∼248 ∼300 1090), 1101)
C-Alkaloid 2	Calebassen-Curare [1111]		Cl⁻ -659° ATN/ WS 1111)			Cl⁻ MTN ∼290(4,45) ∼320(4,05) 1090), 1111)
Caracurin I	Strychnos toxifera [1115]					.HCl WS ∼240 ∼285 1115)
Caracurin III	Strychnos toxifera [1115] Strychnos subcordata [1228]					.HCl WS ∼240 ∼285 1115)
Caracurin VIII	Strychnos toxifera [1234]					.CH₃Cl WS ∼240 ∼270 ∼280 1234)
Caracurin IX	Strychnos toxifera [1234]					.CH₃Cl WS ∼220 ∼278 ∼288 1234)

1233) L. Jaeger, H. Schmid und P. Karrer, Helv. Chim. Acta 44, 1881 (1961).

1234) H. Asmis, P. Waser, H. Schmid und P. Karrer, Helv. Chim. Acta 38, 1661 (1955).

Name	Vorkommen	pKa	Dreh.	IR.	NMR.	UV.
Croceocurin	brasil. Viburnacee (?) 1114)					Cl⁻ WS ~210 ~273 ~420 1114)
Quillobordin	Aspidosperma 1235)			1235)		ATN 236(4,38) 281(4,58) 314(4,35) 285(4,33) 1235)
C-Venezuelin	Calebassen-Curare 1225)		Cl⁻ +23˙ ATN 1225)	1225)	1225)	Cl⁻ ATN 263 281$_s$ 291$_s$ 1225)

1235) N. Neuss, Physical Data of Indole and Dihydroindole alkaloids, Eli Lilly and Company, Indianapolis 6, Indiana, U.S.A., Edn. 1954, 1956, 1960, 1961, 1962.

Nachtrag

Name	Strukturformel	Vorkommen	Konst.	Schm.	pKa	Dreh.	IR.	NMR.	Mass.	UV.	Synth.
	Kapitel IV										
Voacamin $C_{43}H_{52}O_5N_4$ vgl. S.123			1236)					1236)	1236)		
Voacorin vgl. S.124	20'-Hydroxyvoacamin (?)		1236)								
	Kapitel VI										
O-Methyl-eburnamin $C_{20}H_{26}ON_2$		Haplophyton cimicidum 1237)	1237)	181° 1237)							
	Kapitel VII										
Vincadin $C_{21}H_{28}O_2N_2$ vgl. S.113			1238)				1238)				1238)(B)
Vincaminorein $C_{22}H_{30}O_2N_2$ vgl. S.117			1238)	138-139° 1238)		+27° CRF 1238)	1238)			ATN 230(4,59) 288(3,93) 296(3,91) 1238)	1238)(B)
Vindorisin (Vindolidin Schm. 167°) 1239) vgl. S.120 rel. K.		Vinca rosea 1239)	1240)	167° 1239)		-31° CRF 1239)	1240)	1240)		MTN 250(3,98) 302(3,52) 1239)	

1236) G. Büchi, R.E. Manning und S.A. Monti, J. Amer. Chem. Soc. 85, 1893 (1963).
1237) M.P. Cava, S.K. Talapatra, K. Nomura, J.A. Weisbach, B. Douglas und E.C. Shoop, Chem. and Ind. 1963, 1242.
1238) J. Mokrý, I. Kompiš, L. Dúbravková und P. Šefčovič, Tetrahedron Letters 1962, 1185.
1239) B.K. Moza und J. Trojánek, Coll. Czech. Chem. Comm. 28, 1419 (1963).
1240) B.K. Moza und J. Trojánek, Coll. Czech. Chem. Comm. 28, 1427 (1963).

Name	Strukturformel	Vorkommen	Konst.	Schm.	pKa	Dreh.	IR.	NMR.	Mass.	UV.	Synth.
Haplocin $C_{22}H_{28}O_3N_2$		Haplophyton cimicidum 1237)	1237)	186-187° 1237)		+196° CRF 1237)	1237)	1237)		ATN 220(4,44) 258(3,95) 292(3,57) 1237)	
Haplocidin $C_{21}H_{26}O_3N_2$		Haplophyton cimicidum 1237)	1237)	183-184° 1237)		+231° CRF 1237)	1237)	1237)		ATN 219(4,40) 258(3,91) 291(3,60) 1237)	
$N_{(a)}$-Acetyl-$N_{(a)}$-depropionyl-aspidoalbin $C_{23}H_{30}O_5N_2$		Aspidosperma album 1241)	1241)	194-195° 1241)		+174° CRF 1241)	1241)	1241)		ATN 227(4,43) 267(4,11) 1241)	
O-Demethyl-aspidocarpin $C_{21}H_{28}O_3N_2$	rel. K.	Aspidosperma album 1241)	1241)	156-158° 1241)		+125° CRF 1241)	1241)	1241)		ATN 227(4,25) 264(3,85) 1241)	

Kapitel VIII

Name	Strukturformel	Vorkommen	Konst.	Schm.	pKa	Dreh.	IR.	NMR.	Mass.	UV.	Synth.
Tubotaiwin $C_{20}H_{24}O_2N_2$	abs. Konf.	Aspidosperma limae 1243) Pleiocarpa tubicina 1242)	1242) 1244)	amph. 1242)		+611° CRF 1242) Pikr. 171-172° 1242)				ATN 204(4,12) 232(4,01) 298(3,96) 328(4,12) 1242)	1242)

Kapitel IX

Name	Strukturformel	Vorkommen	Konst.	Schm.	pKa	Dreh.	IR.	NMR.	Mass.	UV.	Synth.
Dihydroakuammicin $C_{20}H_{24}O_2N_2$	abs. Konf.	Pleiocarpa tubicina 1242)	1242)	169-171° 1242)		-636° CRF 1242)	1242)		1245)		1242)

1241) C. Ferrari, S. McLean, L. Marion und K. Palmer, Canad. J. Chem. 41, 1531 (1963).
1242) W.G. Kump und H. Schmid, unveröffentlichte Versuche.
1243) M. Pinar und H. Schmid, unveröffentlichte Versuche.
1244) D. Schumann, W.G. Kump und H. Schmid, Helv. Chim. Acta 1963, im Druck.
1245) H. Budzikiewicz, J.M. Wilson, C. Djerassi, J. Lévy, J. Le Men und M.-M. Janot, Tetrahedron 19, 1265 (1963).

Name	Strukturformel	Vorkommen	Konst.	Schm.	pKa	Dreh.	IR.	NMR.	Mass.	UV.	Synth.
Tubifolin $C_{18}H_{22}N_2$ abs. Konf.		Pleiocarpa tubicina 1242)	1242) 1244)	124-126° 1244)		-342° CRF 1242)	1242)			ATN 215(4, 27) 1242)	1242) 1244)
Tubifolidin $C_{18}H_{24}N_2$ abs. Konf.		Pleiocarpa tubicina 1242)	1242)	176-177° 1242)		-67° CRF 1242)	1242)			ATN 207(4, 47) 244(3, 93) 298(3, 61) 1242)	1242)

Kapitel XI

Name	Strukturformel	Vorkommen	Konst.	Schm.	pKa	Dreh.	IR.	NMR.	Mass.	UV.	Synth.
Mitragynin $C_{23}H_{30}O_4N_2$ vgl. S. 103	abs. Konf.		1246)				1246)	1246)	1246)	1246)	
Alkaloid AD-VI (10-Methoxy-dihydrodehydrocorynantheol) vgl. S. 110	Stereochemie: (?)		1247) 1248)								
Alkaloid AD-IV vgl. S. 110	10-Methoxy-dihydrocorynantheol Stereochemie (?)		1247) 1248)								
Burnamicin $C_{20}H_{26}O_2N_2$		Hunteria eburnea 1249)	1249)	198-200° 1249)	8,9 WS-MTN 1249)	-281° 1249)	1249)	1249)	1249)	309-12 (4, 17) (1249)	

1246) B. S. Joshi, Raymond-Hamet und W. I. Taylor, Chem. and Ind. 1963, 573.
1247) N. Dastoor und H. Schmid, Experientia 19, 297 (1963).
1248) N. Dastoor und H. Schmid, Experientia 19, im Druck (1963).
1249) M. F. Bartlett und W. I. Taylor, J. Amer. Chem. Soc. 85, 1203 (1963).

Name	Strukturformel	Vorkommen	Konst.	Schm.	pKa	Dreh.	IR.	NMR.	Mass.	UV.	Synth.
Huntrabrin-methochlorid $C_{20}H_{27}O_2N_2Cl$		Hunteria eburnea 1250)	1250)	285-287° 1250)		+54° WS 1250)	1250)			ATN 271(3,94) 300(3,63) 310$_s$(3,58) 1250)	
Sitsirikin vgl. S. 112			1251)								
Kapitel XV											
Carapanaubin $C_{23}H_{28}O_6N_2$		Aspidosperma carapanauba 1252)	1252)	221-223° 1252)		-101° CRF 1252)	1252)	1252)	1252)	ATN 215(4,57) 244(4,23) 1252)	1253)
Gelsedin vgl. S. 106	= Demethoxygelsemicin		1254)					1254)			
Rotundifolin $C_{22}H_{28}O_5N_2$ vgl. S. 88		Mitragyna ciliata 1255) Mitragyna inermis 1255) Mitragyna stipulosa 1255)	1255) 1256)		5,25 33 % DMF 1256)	+125° CRF 1255)	1255)	1256)			1255) 1256)

1250) M. F. Bartlett, B. Korzun, R. Sklar, A. F. Smith und W. I. Taylor, J. Org. Chem. 28, 1445 (1963).
1251) J. P. Kutney, Report on the Gordon Research Conference 29.7.-2.8.1963.
1252) B. Gilbert, J. A. Brissolese, N. Finch, W. I. Taylor, H. Budzikiewicz, J. M. Wilson und C. Djerassi, J. Amer. Chem. Soc. 85, 1523 (1963).
1253) N. Finch. C. W. Gemenden, I. H.-C. Hsu und W. I. Taylor, J. Amer. Chem. Soc. 85, 1520 (1963).
1254) E. Wenkert, J. C. Orr, S. Garratt, J. H. Hansen, B. Wickberg und C. L. Leicht, J. Org. Chem. 27, 4123 (1962).
1255) A. H. Beckett und A. N. Tackie, Chem. and Ind. 1963, 1122.
1256) G. M. Badger, L. M. Jackman, R. Sklar und E. Wenkert, Proc. Chem. Soc. 1963, 206.

Name	Strukturformel	Vorkommen	Konst.	Schm.	pKa	Dreh.	IR.	NMR.	Mass.	UV.	Synth.
Isorotundi-folin (Mitragynol) 1255) $C_{22}H_{28}O_5N_2$ vgl. S.88		Mitragyna ciliata 1255) Mitragyna stipulosa 1255)	1255) 1256)	131-132° 1255)	7,4 WS 1255)	-7° CRF 1255)	1255)	1256)		ATN 218(4,43) 242_s(4,13) 289(3,49) 1255)	1255)
Stipulatin $C_{22}H_{28}O_5N_2$		Mitragyna rubrostipu-lata 1257) Mitragyna speciosa 1257)	1257)	238-240° 1257)	5,2 50 % ATN 1257)	+108° CRF 1257)	1257)	1257)	1257)	ATN 222(4,35) 240_s(4,16) 292(3,40) 1257)	

Kapitel XVIII

Name	Strukturformel	Vorkommen	Konst.	Schm.	pKa	Dreh.	IR.	NMR.	Mass.	UV.	Synth.
Tetrahydro-harman-N-oxyd (Calligonin) 1260) $C_{12}H_{14}ON_2$		Calligonium minimum 1261)	1260)	132-133° 1260)							

Kapitel XX

Name	Strukturformel	Vorkommen	Konst.	Schm.	pKa	Dreh.	IR.	NMR.	Mass.	UV.	Synth.
Brevicollin $C_{17}H_{19}N_3$		Carex brevicollis 1258)	1258) 1259)								
Pseudoakuam-migin vgl. S.49			1262) 1263)					1263)	1262) 1263)		
Akuammin vgl. S.49	= 10-Methoxypseudo-akuammigin		1263)								

1257) J.B. Hendrickson und J.J. Sims, Tetrahedron Letters 1963, 929.
1258) I.V. Terenteva, Alkaloidonosnye Rast. Moldavii, Moldavask. Filial. Akad. Nauk S.S.R., Inst. Khim. 1960, 21; Chem. Abstr. 58, 4607 (1963).
1259) I.V. Terenteva und P.A. Vember, Alkaloidonosnye Rast. Moldavii, Moldavask. Filial. Akad. Nauk S.S.R., Inst. Khim. 1960, 35; Chem. Abstr. 58, 4608 (1963).
1260) B.A. Abdusalamov und A.S. Sadykov, Uzbeksk. Khim. Zh. 6, 79 (1962); Chem. Abstr. 58, 11412 (1963).
1261) B.A. Abdusalamov und A.S. Sadykov, Uzbeksk. Khim. Zh. 1961, 47; Chem. Abstr. 57, 9904 (1962).
1262) A.Z. Britten, P.N. Edwards, J.A. Joule, G.F. Smith und G. Spiteller, Chem. and Ind. 1963, 1120.
1263) L. Olivier, J. Lévy, J. Le Men, M.-M. Janot, C. Djerassi, H. Budzikiewicz, J.M. Wilson und L.J. Durham, Bull. Soc. Chim. France 1963, 646.

Name	Strukturformel	Vorkommen	Konst.	Schm.	pKa	Dreh.	IR.	NMR.	Mass.	UV.	Synth.
Picralin $C_{23}H_{26}O_5N_2$ vgl. S. 117	(siehe Struktur) ODER (siehe Struktur)		1263) 1264)	182° 1263) 160-162° 1264)	5,65 50 % ATN 1264)	-124° MTN 1263)	1264)	1263) 1264)	1263) 1264)	ATN 232(3,88) 287(3,41) 1263), 1264)	1264)
Deacetyl-picralin $C_{21}H_{24}O_4N_2$	vgl. Picralin	Picralima klaineana 1264)	1264)	196-198° 1264)	5,80 50 % ATN 1264)		1264)			ATN 236(3,84) 289(3,45) 1264)	1264)

Kapitel XXI

Name	Strukturformel	Vorkommen	Konst.	Schm.	pKa	Dreh.	IR.	NMR.	Mass.	UV.	Synth.
Ammocallin	$C_{19}H_{22}N_2$	Vinca rosea 1265)		>335° (Z.) 1265)	7,30 33 % DMF 1265)		1265)			ATN 218 288 1265)	
Affinisin	$C_{19}H_{24}ON_2$	Peschiera affinis 1266)		115-118° 1266)		.HCl +40° MTN 1266)	1266)			.HCl ATN 224(1,65) 282(3,92) 292(3,82) 1266)	

1264) A.Z. Britten und G.F. Smith, J. Chem. Soc. 1963, 3850.
1265) G.H. Svoboda, J. Pharm. Sci. 52, 407 (1963).
1266) J.A. Weisbach, R.F. Raffauf, O. Ribeiro, E. Macko und B. Douglas, J. Pharm. Sci. 52, 350 (1963).

Name	Summenformel	Vorkommen	Schm.	pKa	Dreh.	IR.	NMR.	Mass.	UV.	Synth.
Affinin	$C_{20}H_{24}O_2N_2$	Peschiera affinis [1266]	265° (Z.) 1266)		.HCl -105° MTN 1266)	1266)			ATN 238(4,18) 318(4,34) 1266)	
Hunteracin-chlorid	$C_{20}H_{25}ON_2Cl$	Hunteria eburnea [1250]	343-344° (Z.) 1250)		-91° MTN-WS 1250)				ATN 234(3,90) 291(3,34) 1250)	
Minoricin	$C_{21}H_{24}O_3N_2$	Vinca minor [1267]	amph. 1267) Pikr. 213-216° (Z.) 1267)		-534° MTN 1267)	1267)			MTN 228(4,01) 302$_s$(3,96) 328(4,15) 1267)	
Vincarodin	$C_{21}H_{24}O_3N_2$	Vinca minor [1268]	159-160° 1268)		-158° CRF 1268)	1268)			258(4,06) 312(3,55) 1268)	
Henningsolin	$C_{21}H_{26}O_5N_2$	Strychnos henningsii [1235]	207-208° 1235)		-200° CRF 1235)	1235)			ATN 223(4,42) 256(3,84) 1235)	
Minoricein	$C_{22}H_{26}O_4N_2$	Vinca minor [1267]	141-142° 1267)		-554° MTN 1267)	1267)			MTN 248(4,08) 327(4,23) 1267)	
Vinosidin	$C_{22}H_{26}O_5N_2$	Vinca rosea [1265]	253-257° (Z.) 1265)	6,80 33 % DMF 1265)		1265)			ATN 226 254 259 300 330$_s$ 1265)	
Vincaminoridin	$C_{22}H_{30}O_3N_2$	Vinca minor [1268]	99-100° 1268)		+58° CRF 1268)	1268)			232(4,57) 288$_s$(3,79) 300(3,84) 1268)	

1267) D. Zachystalová, O. Štrouf und J. Trojánek, Chem. and Ind. **1963**, 610.

1268) J. Mokrý und I. Kompiš, Naturwissenschaften **50**, 93 (1963).

Name	Summenformel	Vorkommen	Schm.	pKa	Dreh.	IR.	NMR.	Mass.	UV.	Synth.
Neoreserpilin	$C_{23}H_{28}O_5N_2$	Rauwolfia perakensis [1235]	129-131° [1235]		-78° ATN [1235]	[1235]			ATN 227(4,56) 304(4,02) [1235]	
Lochnerivin	$C_{24}H_{28}O_5N_2$	Vinca rosea [1265]	278-280° [1265]			[1265]			ATN 236$_s$ 296 329 [1265]	
Hunteramin	$C_{26}H_{34}O_{10}N_2$ (?)	Hunteria eburnea [1250]	206-208° [1250]	4,6 [1250]		[1250]			ATN 221 271 278 282$_s$ 289$_s$ [1250]	
Leurovisin	$C_{41}H_{54}O_9N_3$ (?)	Vinca rosea [1265]	SO_4^{--} >335° (Z.) [1265]	4,8 + 5,8 33% DMF [1265]		[1265]			SO_4^{--} ATN 214 265 286$_s$ 295$_s$ 310$_s$ [1265]	
H-Alkaloid F		Hunteria eburnea [1250]	242-243° [1250]			[1250]			ATN 222 275 283$_s$ 292$_s$ [1250]	
H-Alkaloid H		Hunteria eburnea [1250]	300° [1250]			[1250]			ATN 245$_s$ 312-5 403 [1250]	
H-Alkaloid I		Hunteria eburnea [1250]	278-280° [1250]			[1250]			ATN 219 273 279 309 [1250]	
H-Alkaloid J		Hunteria eburnea [1250]	291-293° [1250]			[1250]			ATN 272 279 289 [1250]	

Name	Vorkommen	Schm.	pKa	Dreh.	IR.	NMR.	Mass.	UV.	Synth.
H-Alkaloid K	Hunteria eburnea 1250)	207-208˙ 1250)						ATN 222 272 279 289 1250)	
H-Alkaloid N	Hunteria eburnea 1250)	263-266˙ 1250)			1250)			ATN 266 270 277 280 310 1250)	
Ammorosin	Vinca rosea 1265)	221-225˙ 1265)	7,30 33 % DMF 1265)		1265)			ATN 227 280 295$_s$ 305$_s$ 1265)	
Cavincin	Vinca rosea 1265)	SO$_4^{--}$ 275-277˙ (Z.) 1265)	6,90 33 % DMF 1265)		1265)			SO$_4^{--}$ ATN 224 281 288 1265)	
Kromantin	Aspidosperma album 1269)	176˙ 1269)		+159˙ CRF 1269) +143˙ MTN 1269)	1269)			227 267 1269)	
Pericallin	Vinca rosea 1265)	196-202˙ 1265)	8,05 33 % DMF 1265)		1265)			ATN 207 230$_s$ 240$_s$ 304 1265)	
Tuboxenin	Pleiocarpa tubicina 1242)	139-140˙ 1242)							

1269) P. Relyveld, Pharm. Weekblad 98, 47 (1963); Chem. Abstr. 59, 3976 (1963).

Zeitschriften-Verzeichnis

Bezeichnung im Text		Vollständiger Titel
Acta crystallographica	=	Acta crystallographica (Kopenhagen)
Anales asoc. quím. arg.	=	Anales de la asociación química argentina (Buenos Aires)
Angew. Chem.	=	Angewandte Chemie (Weinheim)
Ann. Bogoriensis	=	Annales Bogoriensis (Djakarta)
Ann. Chem. u. Pharm.	=	Annalen der Chemie und Pharmazie (vgl. Liebigs Ann. Chem.)
Ann. Chim.	=	Annali di chimica (Rom)
Ann. Chim. Farm.	=	Annali di chimica farmaceutica (Rom)
Ann. Pharm. Franc.	=	Annales pharmaceutiques françaises (Paris)
Ann. Report ITSUU Lab.	=	The Annual Report of ITSUU Laboratory Itsuu Kenkyusho Nempo (Tokyo)
Ann. Report Takamine Lab.	=	The Annual Report Takamine Laboratory Takamine Kenkyusho Nempo (Tokyo)
Appl. Spectroscopy	=	Applied Spectroscopy (Boston)
Arch. Pharm.	=	Archiv der Pharmazie und Berichte der deutschen pharmazeutischen Gesellschaft (Weinheim)
Arzneimittel-Forsch.	=	Arzneimittel-Forschung (Aulendorf)
Austral. J. Chem.	=	Australian Journal of Chemistry (Melbourne)
Austral. J. Exptl. Biol. Med. Sci.	=	The Australian Journal of Experimental Biology and Medical Science (Adelaide)
Austral. J. Sci. Res.	=	Australian Journal of Scientific Research, Series A (Melbourne)
Ber. dtsch. chem. Ges.	=	Berichte der deutschen chemischen Gesellschaft (vgl. Chem. Ber.)
Ber. dtsch. pharm. Ges.	=	Berichte der deutschen pharmazeutischen Gesellschaft (vgl. Arch. Pharm.)
Bol. inst. quím. agr. (Rio de Janeiro)	=	Boletim do ínstituto de química agrícola (Rio de Janeiro)
Bol. inst. vital Brazil	=	Boletim do ínstituto vital Brazil (Rio de Janeiro)
Bull. Acad. Roy. Méd. Belg.	=	Bulletin de l'académie royale de médicine de Belgique (Brüssel)
Bull. agric. Congo belge	=	Bulletin agricole du Congo Belge et du Ruanda-Urundi (Brüssel)
Bull. Cl. Sci., Acad. roy. Belg.	=	Bulletin de la classe des sciences, Académie royale de Belgique (Brüssel)

Bull. Sci. Pharmacol.	=	Bulletin des sciences pharmacologiques (vgl. Ann. Pharm. Franc.)
Bull. Soc. Chim. Belg.	=	Bulletin des sociétés chimiques Belges (Brüssel)
Bull. Soc. Chim. France	=	Bulletin de la société chimique de France (Paris)
Canad. J. Chem.	=	Canadian Journal of Chemistry (Ottawa)
Chem. Abstr.	=	Chemical Abstracts
Chem. and Eng. News	=	Chemical and Engineering News (Washington)
Chem. and Ind.	=	Chemistry & Industry (London)
Chem. Ber.	=	Chemische Berichte (Weinheim)
Chem. Listy	=	Chemické listy (Prag)
Chem. Pharm. Bull. (Tokyo)	=	Chemical & Pharmaceutical Bulletin (Tokyo)
Chem. Zeitg.	=	Chemiker-Zeitung (Köthen)
Chem. Zentr.	=	Chemisches Zentralblatt (Berlin)
Chem. Zvesti	=	Chemické zvesti (Bratislava)
Chim. farm promyslennost	=	Chim. farm. promyslennost
Chinese J. Physiol.	=	The Chinese Journal of Physiology Chung Kuo Sheng Li Hsueh Tsa Chih (Peking)
Coll. Czech. Chem. Comm.	=	Collection of Czechoslovak Chemical Communications (Prag)
Compt. rend. Acad. bulg. Sci.	=	Comptes rendus des l'Académie bulgare des Sciences (Sofia)
Compt. rend. hebd. Séances Acad. Sci.	=	Comptes Rendus Hebdomadaires de Séances de l'Academie des Sciences (Paris)
Compt. rend. Soc. biol.	=	Comptes rendus des séances de la société de biologie et de ses filiales (Paris)
Diss. Abstracts	=	Dissertation Abstracts (Ann Arbor)
Doklady Akad. Nauk SSSR	=	Doklady Akademii Nauk S.S.S.R. (Moskau)
Dokl. Akad. Nauk Uzbek. SSR	=	Doklady Akademii Nauk Uzbekskoi S.S.R.
Eisei Shikenjo Hôkoku	=	Eisei Shikenjo Hôkoku = Bulletin of the National Institute of Hygienic Sciences (Tokyo)
Experientia	=	Experientia (Basel)
Farmacognosia	=	Farmacognosia (Madrid)
Fortschritte der Chem. organ. Naturstoffe	=	Fortschritte der Chemie organischer Naturstoffe (Wien)

Gazz. Chim. Ital.	=	Gazzetta chimica italiana (Rom)
Helv. Chim. Acta	=	Helvetica Chimica Acta (Basel)
Indian Pharmacist	=	The Indian Pharmacist
Ind. J. Med. Res.	=	Indian Journal of Medical Research (Cawnpore)
Izv. Akad. Nauk Arm. SSR, Ser. Khim. Nauk.	=	Izvestiya Akademii Nauk Armyanskoi S.S.R., Serie Khimicheskie Nauk (Erevan)
Izv. Akad. Nauk SSSR	=	Izvestiya Akademii Nauk S.S.S.R. (Moskau)
J. Allg. Chem. (UdSSR)	=	Journal für allgemeine Chemie Zhurnal Obshchei Khimii (U.d.S.S.R.) (Moskau)
J. Amer. Chem. Soc.	=	The Journal of the American Chemical Society (Washington)
J. Amer. Pharm. Assoc., Sci. Edn.	=	Journal of the American Pharmaceutical Association, Scientific Edition (Washington)
J. Chem. Soc.	=	Journal of the Chemical Society (London)
J. Indian Chem. Soc.	=	Journal of the Indian Chemical Society (Calcutta)
J. Med. Pharm. Chem.	=	Journal of medicinal and pharmaceutical Chemistry
J. Org. Chem.	=	The Journal of Organic Chemistry (Washington)
J. Pharm. Belg.	=	Journal de pharmacie de Belgique (Brüssel)
J. Pharm. Pharmacol.	=	Journal of Pharmacy and Pharmacology (London)
J. Pharm.	=	vgl. J. Pharmac. Chim.
J. Pharmac. Chim.	=	Journal de Pharmacie et de Chimie (vgl. Ann. Pharm. Franc.)
J. Pharmac. et Chim.	=	vgl. J. Pharmac. Chim.
J. Pharm. Sci.	=	Journal of Pharmaceutical Sciences
J. Pharm. Soc. Japan	=	Journal of the Pharmaceutical Society of Japan = Yakugaku Zasshi (Tokyo)
J. Sci. Ind. Res. (India)	=	Journal of Scientific and Industrial Research (India) (New Delhi)
J. Soc. Chem. Ind.	=	Journal of the Society of Chemical Industry (London)
K'o Hsüeh T'ung Pao	=	K'o Hsüeh T'ung Pao = Scientia (Peking)
Liebigs Ann. Chem.	=	Justus Liebigs Annalen der Chemie (Weinheim)
Magyar Kém. Folyoirat	=	Magyar Kémiai Folyóirat (Budapest)
Mercks Jahresbericht	=	E. Merck's Jahresbericht
Monatshefte Chem.	=	Monatshefte für Chemie und verwandte Teile anderer Wissenschaften (Wien)

Nature	=	Nature (London)
Naturwissenschaften	=	Die Naturwissenschaften (Berlin)
Pakistan J. Sci.	=	Pakistan Journal of Science (Lahore)
Pharm. Bull. (Japan)	=	Pharmaceutical Bulletin (Japan)
Pharmac. Belgique	=	Pharmaceutica Annales Societatis Belgicae Pharmaceuticae
Pharmac. J.	=	The Pharmaceutical Journal (London)
Pharm. Acta Helv.	=	Pharmaceutica Acta Helvetiae (Zürich)
Pharmac. Zeitg.	=	Pharmazeutische Zeitung (Frankfurt/Main)
Pharm. Weekblad	=	Pharmaceutische Weekblad (Amsterdam)
Pharm. Zentralhalle	=	Pharmazeutische Zentralhalle für Deutschland (Dresden)
Planta Medica	=	Planta Medica (Stuttgart)
Proc. Chem. Soc.	=	Proceedings of the Chemical Society (London)
Proc. Nat. Acad. Sci. Wash.	=	Proceedings of the National Academy of Sciences of the United States of America (Washington)
Quart. J. Pharm. Pharmacol.	=	Quarterly Journal of Pharmacy and Pharmacology (London)
Quart. Rev.	=	Quarterly Reviews (London)
Rec. Trav. Chim. Pays-bas	=	Recueil des travaux chimiques des Pays-Bas (Amsterdam)
Rev. centro. estud. farm. bioquim.	=	Revista del centro estudiantes de farmacia y bioquímica (Buenos Aires)
Rev. Quím. ind. (Rio de Janeiro)	=	Revista de química índustrial (Rio de Janeiro)
S. African J. Sci.	=	South African Journal of Science (Johannesburg)
Science and Culture	=	Science and Culture (Calcutta)
Sci. Pharm.	=	Scientia Pharmaceutica (Wien)
Soc. Biol. Chemists, India	=	Society of Biological Chemists, India (Bengalore)
Tetrahedron	=	Tetrahedron (Oxford)
Tetrahedron Letters	=	Tetrahedron Letters (Oxford)
Trans. Roy. Soc. South-Africa	=	Transactions of the Royal Society of South Africa (Kapstadt)

Univ. Philippines Natl. = University of the Philippines Natural and Applied
and Appl. Sci. Bull.   Science Bulletin (Quezon City)

Uspekhi Khimii = Uspekhi Khimii (Moskau) (englische Uebersetzung: Russian Chemical Reviews (London))

Uzbeksk. Khim. Zh. = Uzbekskii Khimicheskii Zhurnal (U.d.S.S.R.)

Die vollständigen Titel der Zeitschriften wurden von den Chemical Abstracts übernommen (Chem. Abstr. 50, (1956) und die folgenden Jahresregister).

Summenformel - Register

C H O N	Sonstiges	Verbindung
12-10----2		Harman
12-12-1--2		Harmalol
12-14----2		Eleagnin $N_{(b)}$-Methyltetrahydro-β-carbolin
12-14-1--2		Tetrahydroharman-N-oxid Tetrahydroharmol
13-12-1--2		Harmin
13-13----2	+	Melinonin F
13-14-1--2		Harmalin Harmidin
13-16----2		Leptocladin
13-16-1--2		Leptaflorin $N_{(b)}$-Methyltetrahydroharmol d-Tetrahydroharmin
14-8--1--2		Canthinon
14-12-2--2		Harman-3-carbonsäure
15-10-1--2	S	Methylthiocanthinon
15-10-2--2		Methoxycanthinon
15-21-2--3		Physostigmin
15-21-3--3		Geneserin
16-12----2		Cryptolepin
16-12-1--2		Tuboflavin
17-14----2		Ellipticin Flavopereirin Olivacin
17-16----2		1,2-Dihydroellipticin 1,2-Dihydroolivacin
17-19----3		Brevicollin

C H O N	Sonstiges	Verbindung
18-13-1--3		Rutaecarpin
18-14-2--2		Flavocarpin
18-16-1--2		Methoxyellipticin
18-17----2	NO_3	Ellipticinmethonitrat
18-19----2	NO_3	1,2-Dihydroellipticinmethonitrat
18-20----2		d-Guatambuin dl-Guatambuin l-Guatambuin N-Methyltetrahydroellipticin Tabernoschizin
18-22----2		Aspidospermatidin Tubifolin Ulein
18-23----4		Folicanthin
18-24----2		Tubifolidin
19-15-1--3		Dehydroevodiamin
19-15-2--3		Hortiacin
19-16----2		Sempervirin
19-17-1--3		Evodiamin Rhetsin
19-17-2--3		Rhetsinin
19-20-1--2		Norfluorocurarin Vellosimin
19-21----2	+	C-Alkaloid J
19-22----2		C-Alkaloid S Ammocallin Eburnamenin
19-22-1--2		Eburnamonin Normacusin B Sandwicensin Vincanin Vincanorin
19-22-2--2		Neosarpagin Sarpagin Wieland-Gumlich-Aldehyd
19-23----2	+	C-Alkaloid I Toxiferin X
19-23-2--2	+	C-Calebassinin
19-23-3--2	+	C-Alkaloid UB

C H O N	Sonstiges	Verbindung
19-24----2		Aspidofractinin 1,2-Dehydroaspidospermidin $N_{(a)}$-Methylaspidospermatidin Ibogamin
19-24-1--2		Affinisin Cinchonamin Deacetylaspidospermatin Desmethoxyibolutein Eburnamin Hydroxyindolenin-ibogamin Isoeburnamin Rhazinin
19-24-2--2		Chinamin Conchinamin Unbenannt
19-24-3--2		Gelsedin
19-26----2		Aspidospermidin (+) Quebrachamin (-) Quebrachamin
19-26-1--2		Dihydrocorynantheol Geissoschizolin
19-26-4--2		Vinin
20-17-2--3		Hortiamin
20-18-5--2		Schizolutein
20-20-3--2		Schizozygin
20-20-4--2		Caffaeoschizin
20-21----2	+	C-Alkaloid 1
20-21-1--2	+	Fedamazin Melinonin H C-Xanthocurin
20-22-1--2		Koumin
20-22-2--2		Akuammicin Cylindrocarpin Decarbomethoxy-isokopsin Decarbomethoxy-kopsin Gelsemin Isoschizogalin Pseudoakuammicin Schizogalin
20-22-3--2		Alkaloid C Mossambin
20-22-4--2		Akuammenin α-Schizozygol β-Schizozygol
20-23----2	+	C-Curarin II

C H O N	Sonstiges	Verbindung
20-23-1--2	+	C-Alkaloid P C-Fluorocurarin Melinonin E Melinonin H
20-23-2--2	+	C-Alkaloid M Macrophyllin A
20-24----2		Alkaloid E_1 C-Alkaloid S
20-24-1--2		$N_{(a)}$-Acetyl-aspidospermatidin Tetraphyllicin
20-24-2--2		Affinin Ajmalidin Dihydroakuammicin Elliptinin Lochnerin Tubotaiwin
20-24-3--2		Echitamidin Lochneridin Perivin Vincamidin Vincanidin
20-25----2	+	C-Alkaloid I C-Guaianin
20-25-1--2	+ Cl	Macusin B C-Mavacurin Hunteracinchlorid Toxiferin IIa Toxiferin IIb
20-25-2--2	+ Cl	C-Fluorocurin Pseudofluorocurin Wieland-Gumlich-Aldehyd-Chlormethylat
20-26-1--2		Ibogain Mauiensin O-Methyleburnamin Tabernanthin
20-26-2--2		Ajmalin Alkaloid AD-VI Burnamicin Desacetylstrychnospermin Hydroxyindolenin-ibogain Ibolutein Iboxygain Isoajmalin Kimvulin Rauwolfinin Sandwicin
20-26-3--2		Ajmalinin Lancein

C H O N	Sonstiges	Verbindung
20-26-4--2		Gelsemicin
		Pubescin
20-27-1--2	+	C-Alkaloid 0
		Melinonin B
		Toxiferin III
	Cl	Yohimbolmethochlorid
20-27-2--2	+	Kryptocurin
	Cl	Huntrabrin-methochlorid
	J	Hunterburnin-α-methojodid
		Hunterburnin-β-methojodid
20-27-3--2	+	C-Profluorocurin
20-28----2		1-Methyl-aspidospermidin
20-28-1--2		Deacetylaspidospermin
20-28-2--2		Alkaloid AD-IV
20-29-1--2	Cl	Dihydrocorynantheolmethochlorid
21-20-3--2		Alstonin
		Serpentin
21-22-2--2		Strychnin
21-22-3--2		Perakin
		Pseudostrychnin
		Vomilenin
21-24-2--2		Catharanthin
		Pleiocarpamin
		(-) Tabersonin
		Vindolinin
21-24-3--2		Ajmalicin
		Akuammidin
		Akuammigin
		Diabolin
		Ervin
		Gelsevirin
		Isoschizogamin
		Kopsinilam
		Lochnericin
		Mayumbin
		Minoricin
		Minovincin
		Polyneuridin
		Quebrachidin
		Rauniticin
		Schizogamin
		Tetrahydroalstonin
		Vincarin
		Vincarodin
		Vobasin

C H O N	Sonstiges	Verbindung
21-24-4--2		Deacetylpicralin
		Hanadamin
		d-Mitraphyllin
		l-Mitraphyllin
		Uncarin A
		Uncarin B
		Vincaminin
		Vincarein
21-24-5--2		Kounidin
		Mitragynol
21-25-1--2	+	C-Guaianin
21-25-2--2	+	Toxiferin VII
	Cl	Akuammicinmethochlorid
21-25-5--2	+	Toxiferin VI
21-26-1--2		Semperflorin
21-26-2--2		Aspidofilin
		Aspidospermatin
		Coronaridin
		Hypoquebrachamin
		Kopsinin
		Refractidin
		Retulin
		Spermostrychnin
		Vincadifformin
		(-)Vincadifformin
		Vincamajorein
21-26-3--2		Alloyohimbin
		Caracurin IV
		Corynanthin
		Dregamin
		Gelsevirin
		Haplocidin
		Isorauhimbin
		Minovincinin
		Pseudoyohimbin
		Schizophyllin
		Sitsirikin
		Stemmadenin
		Tabernaemontanin
		Vincamin
		Vomalidin
		Yohimbin
		α-Yohimbin
		β-Yohimbin
21-26-4--2		Ervinidin
		Powerin

C H O N	Sonstiges	Verbindung
21-26-5--2		Henningsolin
21-27-2--2	+	C-Alkaloid R Lochneram
21-28-2--2		14,19-Dihydroaspidospermatin Ibogalin Vallesin Vincadin Vincamajorein
21-28-3--2		O-Demethylaspidocarpin Kisantin Raugallin Spegazzinin
21-28-4--2		Gabonin Pelivirin Spegazzinidin
21-29-2--2	+	C-Fluorocurinin
21-30-1--2		$N_{(a)}$-Methyl-deacetylaspidospermin
21-30-2--2		Deacetylpyrifolidin
21-30-3--2		Raugallin
21-32-7--2		Samatin
22-18-3--2		Alstonilin
22-20-8--2		Adifolin
22-24-3--2		Callichilin α-Colubrin β-Colubrin
22-24-4--2		Akuammilin Alstonidin Fruticosamin Fruticosin Kopsin Voacafricin Vomicin
22-25-3--2	+	Toxiferin VIII
22-26----4		Chimonanthin Hodgkinsin
22-26-2--2		Macoubein
22-26-3--2		Aspidofractin Corynanthein Pleiocarpinilam Pseudoakuammigin Vincamajin Voachalotin

C H O N	Sonstiges	Verbindung
22-26-4--2		Akuammin
		Alkaloid C
		Alkaloid RP-1
		Aricin
		Chairamin
		Conchairamidin
		Conchairamin
		Corymin
		Corynoxein
		Dichotamin
		Isoreserpinin
		Lochnerinin
		Melinonin L
		16-Methoxyminovincin
		Minoricein
		Mitraversin
		Raumitorin
		Raunitidin
		Reserpinin
		Tetraphyllin
		Virosin
		Voacafricin
		Voacafrin
		Voacryptin
22-26-5--2		Rotundifolin
		Vincinin
		Vinosidin
22-27-3--2	+	Macusin A
		Melinonin A
22-27-3--3		C-Alkaloid Q
22-28-2--2		Aspidosamin
		Minovin
		Pleiocarpinin
22-28-3--2		Canembin
		Corynantheidin
		Dihydrocorynanthein
		Haplocin
		Isovoacangin
		Strychnospermin
		Vincorin
		Voacangin
22-28-4--2		Aspidolimidin
		Corynoxin
		Isorhynchophyllin
		11-Methoxyyohimbin
		Mitragynin
		Rhynchophyllin
		Vincin
		Voacristin

C H O N	Sonstiges	Verbindung
22-28-5--2		Isorotundifolin Rotundifolin Stipulatin
22-29-4--2	+	Echitamin
22-30-1--2		Demethoxypalosin
22-30-2--2		Aspidospermin Vincaminorein Vincaminorin
22-30-3--2		Aspidocarpin Limaspermin Vincaminoridin
23-26-4--2		Brucin Concusconin Cusconin
23-26-5--2		Picralin Pseudobrucin
23-26-6--2		Kopsaporin
23-28----4		Calycanthidin
23-28-4--2		Holstiin Ochropin Pleiocarpin Refractin Vellosin
23-28-5--2		Cimicidin Isoreserpilin Kopsiflorin Mitraspecin Neoreserpilin Picralin Rauvanin Reserpilin Unbenannt
23-28-6--2		Carapanaubin Isoreserpilin-ψ-indoxyl
23-28-7--2		Kopsingarin
23-30-3--2		Pyrifolin
23-30-4--2		Conopharyngin Cylindrocarpidin Holstilin Mitragynin Poweramin Raunamin

C H O N	Sonstiges	Verbindung
23-30-5--2		$N_{(a)}$-Acetyl-$N_{(a)}$-depropionyl-aspidoalbin
		Mitraspecin
		Reserpsäuremethylester
		Seredin
		Vincaridin
23-30-7--2		Kopsingarin
23-32-2--2		Palosin
23-32-3--2		Aspidolimin
		Pyrifolidin
		(-)Pyrifolidin
23-32-4--2		16-Methoxylimaspermin
23-34-7--2		Alkaloid C
23-34-8--2		Alkaloid B
24-28-4--2		Alkaloid RP-2
		Vincamedin
24-28-5--2		Condensamin
		Lochnerivin
		Novacin
24-28-7--2		Kopsamin
		Kopsingin
24-30-4--2		Lancein
24-30-5--2		Elliptamin
		Poweridin
		Unbenannt
		Vindolidin
24-30-6--2		Kopsilongin
24-31-5--2	Cl	Holeinin
24-32-5--2		Aspidoalbin
24-32-6--2		Alkaloid RP-3
		Herbacein
25-30-8--2		Chandrin
25-32-6--2		Vindolicin
		Vindolin
26-28-11-2		Quebrachacidin
26-34-10-2		Hunteramin

C H O N	Sonstiges	Verbindung
27-31-5--3		Haplophytin
30-34-4--2		Cylindrocarpin
30-34-5--2		Rauvomitin
31-36-8--2		Isoraunescin Raunescin
32-38-8--2		Deserpidin
32-38-9--2		Pseudoreserpin Raugustin
33-40-9--2		Isoreserpin Raujemidin Reserpin
33-40-10-2		Renoxydin
34-40-9--2		Rescidin
34-45-2--3	++	Alkaloid γ
35-42-9--2		Rescinnamin
36-40-6--4		Vincamicin
38-38-2--4		Caracurin II
38-40----4		Nordihydrotoxiferin
38-40-1--4		Caracurin VI
38-40-2--4		Caracurin V
38-44-1--4		Geissolosimin
39-46-1--4	++	Toxiferin XII
40-44-1--4	++	C-Curarin I
40-44-2--4	++	C-Alkaloid G Caracurin-II-methosalz
40-44-3--4	++	C-Alkaloid E
40-46----4	++	C-Dihydrotoxiferin C-Isodihydrotoxiferin I
40-46-1--4	++	C-Alkaloid H
40-46-2--4	++	C-Alkaloid B Pleiomutinin C-Toxiferin I

C H O N	Sonstiges	Verbindung
40-46-4--4	++	C-Alkaloid M
40-48-2--4	++	C-Alkaloid D C-Calebassin
40-48-2--4		Pleimutinin
40-48-3--4	++	Geissospermin C-Alkaloid F
40-48-4--4	++	C-Alkaloid A Toxiferin II
40-50-2--4	++	C-Alkaloid BL
40-50-4--4		Villalstonin
40-54-4--4	++	Kryptocurin
41-50-3--4		Macralstonidin
41-50-5--4		Conodurin
41-50-6--4		Conoduramin Voacalin
41-54-9--3		Leurovisin
42-44-6--4		Serpentinin
42-48-6--4		Vobtusin
42-50-7--4		Vobtusin
42-52-2--4		Pleiomutin
42-52-4--4		Hunterin
42-54-4--4	++	C-Alkaloid R
43-52-5--4		Voacamin
43-56-2--4		Pleiomutin
44-52-10-4		Vincarodin
44-54-5--4		Macralstonin
44-54-6--4		C-Alkaloid Q
44-56-6--4		Coronarin
45-54-5--4		Macrophyllin
45-54-7--4		Voacorin
45-54-8--4		Vobtusin
45-56-6--4		Voacamidin Voacamin

C H O N	Sonstiges	Verbindung
46-52-9--4		Catharin
46-52-10-4		Catharicin
46-54-10-4		Leurocristin
46-56-7--4		Voacorin
46-56-10-4		Carosin
		Pleurosin
46-56-12-4		Neoleurocristin
46-58-9--4		Leurosin
		Vinblastin
46-60-9--4		Isoleurosin
48-62-11-4		Neoleurosidin
48-64-10-4		Vindolidin
50-62-12-4		Vindolicin

Pflanzen - Verzeichnis

Adina cordifolia Hook.
> Adifolin

Adina rubrostipulata K. Schum. (= Mitragyna rubrostipulacea Havil.)
> Isorhynchophyllin

Alchornea floribunda Muell. Arg.
> Yohimbin

Alstonia angustiloba Miq.
> Echitamin

Alstonia congensis Engl.
> Echitamidin
> Echitamin

Alstonia constricta F. Muell.
> Alstonidin
> Alstonilin
> Alstonin
> Reserpin
> Tetrahydroalstonin
> α-Yohimbin

Alstonia gilletii De Wild.
> Echitamin

Alstonia macrophylla Wall.
> Alkaloid M
> Macralstonidin
> Macralstonin
> Macrophyllin
> Villalstonin

Alstonia muelleriana
> Alkaloid C
> Villalstonin

Alstonia scholaris R. Br.
> Echitamidin
> Echitamin

Alstonia somersetensis F. M. Bailey
> Macralstonidin
> Villalstonin

Alstonia spathulata Blume
> Echitamin

Alstonia spectabilis R. Br.
> Echitamin

Alstonia verticillosa F. Muell.
> Echitamin

Alstonia villosa Blume
> Alkaloid V
> Villalstonin

Amsonia elliptica Roem. et Schult.
> β-Yohimbin
> $C_{19}H_{24}O_2N_2$

Amsonia tabernaemontana Walt
> (-) Tabersonin

Arariba rubra Mart. (Sickingia rubra K. Schum.)
> Harman

Arthrophytum leptocladum M. Pop.
> Leptocladin
> $N_{(b)}$-Methyltetrahydro-β-carbolin

Aspidosperma - Art
> Quillobordin

Aspidosperma album (Vahl.) R. Bent. ex M. Pichon
> $N_{(a)}$-Acetyl-$N_{(a)}$-depropionyl-aspidoalbin
> Aspidoalbin
> O-Demethylaspidocarpin
> Kromantin
> (-) Quebrachamin

Aspidosperma auriculatum Mgf.
> Dihydrocorynantheol

Aspidosperma australe Muell. Arg.

    d-Guatambuin
    dl-Guatambuin
    l-Guatambuin
    Olivacin
    Ulein

Aspidosperma carapanauba

    Carapanaubin

Aspidosperma chakensis Spegazzini

    (-) Quebrachamin
    Spegazzinidin
    Spegazzinin

Aspidosperma cylindrocarpon Muell. Arg.

    Cylindrocarpidin
    Cylindrocarpin

Aspidosperma discolor A. DC.

    Alkaloid AD-IV
    Alkaloid AD-V
    Alkaloid AD-VI
    Isoreserpilin
    Isoreserpilin-ψ-indoxyl
    Reserpilin

Aspidosperma eburneum F. Allem. ex. Sald. (?)

    β-Yohimbin

Aspidosperma limae Woods.

    Aspidocarpin
    Aspidolimidin
    Aspidolimin
    Demethoxylpalosin
    Limaspermin
    16-Methoxy-limaspermin

Aspidosperma longepetiolatum Kuhlm.

    d-Guatambuin
    Olivacin

Aspidosperma marcgravianum Woods.

    Aricin
    Dihydrocorynantheol

Aspidosperma megalocarpon Muell. Arg.

    Aspidocarpin

Aspidosperma oblongum A. DC.

    11-Methoxy-yohimbin
    β-Yohimbin

Aspidosperma olivaceum Muell. Arg.

    Olivacin
    Ulein

Aspidosperma parvifolium A. DC.

    N-Methyltetrahydroellipticin

Aspidosperma peroba F. Allem. ex Sald.

    Aspidosamin
    Aspidospermatin
    Aspidospermin
    (-) Quebrachamin
    Yohimbin

Aspidosperma polyneuron Muell. Arg.

    Aspidospermin
    Harman-3-carbonsäure
    Normacusin B
    Palosin
    Perobin
    Polyneuridin
    (-) Quebrachamin
    Yohimbin

Aspidosperma pyricollum Muell. Arg.

    Aspidospermin
    Ulein

Aspidosperma pyrifolium Mart.

    Aspidofilin
    Deacetylpyrifolidin
    Pyrifolidin
    Pyrifolin

Aspidosperma quebracho-blanco Schlecht.

    $N_{(a)}$-Acetylaspidospermatidin
    Aspidosamin
    Aspidospermatidin
    Aspidospermatin
    Aspidospermidin
    Aspidospermin
    Deacetylaspidospermatin
    Deacetylaspidospermin

Deacetylpyrifolidin
1,2-Dehydroaspidospermidin
14,19-Dihydroaspidospermatin
Eburnamenin
Hypoquebrachamin
$N_{(a)}$-Methylaspidospermatidin
1-Methylaspidospermidin
$N_{(a)}$-Methyldeacetylaspidospermin
(-) Pyrifolidin
Quebrachacidin
(-) Quebrachamin
Quebrachidin
Yohimbin

Aspidosperma quirandy Hassl.

Aspidosamin
Aspidospermin

Aspidosperma refractum Mart.

Aspidofractin
Aspidofractinin
Refractidin
Refractin

Aspidosperma sessiliflorum F. Allem.

Aspidospermin

Aspidosperma subincanum Mart. ex A. DC.

1,2-Dihydroellipticin
1,2-Dihydroellipticinmethonitrat
Ellipticin
Ellipticinmethonitrat
N-Methyltetrahydroellipticin
Olivacin

Aspdiosperma triternatum

Aspidolimin

Aspidosperma ulei Mgf.

1,2-Dihydroellipticin
1,2-Dihydroolivacin
d-Guatambuin
N-Methyltetrahydroellipticin
Ulein

Banisteria caapi Spruce

    Harmalin
    Harmin
    d-Tetrahydroharmin

Banisteriopsis inebrians Morton

    Harmin

Cabi paraensis Ducke

    Harmin

Calebassen-Curare

C-Alkaloid A	C-Calebassin
C-Alkaloid B	C-Calebassinin
C-Alkaloid BL	Caracurin II
C-Alkaloid C	C-Curarin I
C-Alkaloid D	C-Curarin II
C-Alkaloid E	C-Dihydrotoxiferin
C-Alkaloid F	C-Fluorocurarin
C-Alkaloid G	C-Fluorocurin
C-Alkaloid H	C-Fluorocurinin
C-Alkaloid I	C-Guaianin
C-Alkaloid J	C-Isodihydrotoxiferin I
C-Alkaloid L	Lochneram
C-Alkaloid M	Lochnerin
C-Alkaloid O	C-Mavacurin
C-Alkaloid P	C-Profluorocurin
C-Alkaloid Q	Pseudofluorocurin
C-Alkaloid R	C-Toxiferin I
C-Alkaloid S	Toxiferin II
C-Alkaloid UB	Toxiferin IIa
C-Alkaloid V	Toxiferin IIb
C-Alkaloid X	C-Venezuelin
C-Alkaloid 1	C-Xanthocurin
C-Alkaloid 2	

Callichilia subsessilis Stapf

    Callichilin
    Vobtusin

Calligonium minimum

    Eleagnin
    Harman
    Tetrahydroharman-N-oxid

Calycanthus floridus L.

    Calycanthidin
    Folicanthin

Calycanthus occidentalis Hook. et Arn.
>   Folicanthin

Carex brevicollis DC.
>   Brevicollin

Catharanthus roseus G. Don siehe Vinca rosea L.

Catharanthus trichophyllus (Baker) Pichon
>   Ajmalicin

Chimonanthus fragrans Lindle (= Meretia praecox Rehd. et Wils.)
>   Chimonanthin

Cinchona calisaya var. Schuhkrafft
>   Chinamin

Cinchona erythrantha Pav.
>   Chinamin

Cinchona erythroderma Wedd.
>   Chinamin

Cinchona ledgeriana Moens
>   Chinamin

Cinchona nitida Ruiz et Pav.
>   Chinamin

Cinchona officinalis L.
>   Chinamin

Cinchona pelletieriana Wedd. (= Cinchona pubescens Vahl)
>   Aricin
>   Cusconin

Cinchona pubescens Vahl siehe Cinchona pelletieriana Wedd.

Cinchona rosulenta Howard
>   Chinamin
>   Conchinamin

Cinchona succirubra Pav.
>   Chinamin
>   Conchinamin

Conopharyngia durissima Stapf

        Conoduramin
        Conodurin
        Conopharyngin
        Isovoacangin
        Tabernoschizin

Conopharyngia holstii

        Tabernoschizin

Corynanthe macroceras (K. Schum.) Pierre (= Pausinystalia macroceras)

        Yohimbin

Corynanthe paniculata Welwitsch

        Yohimbin

Corynanthe yohimbe K. Schum. (= Pausinystalia yohimba (K. Schum.) Pierre)

        Ajmalicin
        Alloyohimbin
        Corynanthein
        Corynanthin
        Dihydrocorynanthein
        Pseudoyohimbin
        Yohimbin
        α -Yohimbin
        β -Yohimbin

Cryptolepis sanguinolenta (Lindl.) Schlecht.

        Cryptolepin

Cryptolepis triangularis N. E. Br.

        Cryptolepin

Dioclea bicolor Benth.

        Physostigmin

Dioclea lasiocarpa Benth.

        Physostigmin

Dioclea macrocarpa Hub.

        Physostigmin

Dioclea reflexa Hook. f.

        Physostigmin

Dioclea violacea Benth.
> Physostigmin

Diplorrhynchus condylocarpon (Muell. Arg.) Pichon ssp. mossambicensis (Benth.) Duvign.
> Condylocarpin
> Mossambin
> Norfluorocurarin
> Normacusin B
> Stemmadenin
> Yohimbin
> β-Yohimbin

Elaeagnus angustifolia L.
> Eleagnin
> $N_{(b)}$-Methyltetrahydroharmol
> Tetrahydroharmol

Elaeagnus hortensis M.B.
> Eleagnin

Elaeagnus orientalis L.
> Eleagnin

Elaeagnus spinosa L.
> Eleagnin

Ervatamia coronaria Stapf (Tabernaemontana coronaria Br.)
> Coronaridin
> Coronarin
> Dregamin
> Tabernaemontanin

Ervatamia divaricata Burkill
> Coronaridin

Evodia rutaecarpa Benth. et Hook. f. et Thomson
> Dehydroevodiamin
> Evodiamin
> Rutaecarpin

Excavatia coccinea (T. et B.)
> Elliptamin
> Isoreserpilin

Gabunia eglandulosa Stapf
> Voacangin

Geissospermum laeve (Vellozo) Baillon
> Flavopereirin
> Geissospermin

Geissospermum sericeum Benth. et Hook. f.
> Geissospermin

Geissospermum vellosii Allem. (Tabernaemontana laevis Vell.)
> Alkaloid D_1
> Alkaloid E_1
> Flavopereirin
> Geissolosimin
> Geissoschizolin
> Normacusin B
> Vellosimin
> Vellosin

Gelsemium elegans (Gardn.) Benth.
> Gelsemin
> Koumin
> Kounidin
> Sempervirin

Gelsemium sempervirens Ait.
> Gelsedin
> Gelsemicin
> Gelsemin
> Gelsevirin
> Sempervirin

Gonioma kamassi E. May.
> (-) Quebrachamin

Haplophyton cimicidum A. DC.
> Cimicidin
> Haplocidin
> Haplocin
> Haplophytin
> O-Methyleburnamin

Hippomane mancinella L.
> Physostigmin

Hodgkinsonia frutescens F. Muell.
>> Hodgkinsin

Hortia arborea Engl.
>> Hortiacin
>> Hortiamin
>> Rutaecarpin

Hortia braziliana Vel.
>> Hortiamin
>> Schm. 268-269°

Hunteria corymbosa
>> Corymin

Hunteria eburnea Pichon
>> Akuammicinmethochlorid
>> H-Alkaloid F
>> H-Alkaloid H
>> H-Alkaloid I
>> H-Alkaloid J
>> H-Alkaloid K
>> H-Alkaloid N
>> Burnamicin
>> Dihydrocorynantheolmethochlorid
>> Eburnamenin
>> Eburnamin
>> Eburnamonin
>> Hunteracinchlorid
>> Hunteramin
>> Hunterburnin-α-methojodid
>> Hunterburnin-β-methojodid
>> Hunterin
>> Huntrabrinmethochlorid
>> Isoeburnamin
>> Kopsinilam
>> Pleiocarpin
>> Pleiocarpinilam
>> Pleiocarpinin
>> Yohimbolmethochlorid

Kopsia albiflora L. (Kopsia arborea)
>> Kopsin

Kopsia arborea siehe Kopsia albiflora L.

Kopsia fruticosa (Ker.) A. DC. (= Kospia pruniformis Reichb. f. et Zoll. ex Bakh. f.)
>> Kopsamin
>> Decarbomethoxyisokopsin

Decarbomethoxykopsin
Fruticosamin
Fruticosin
Kopsin

Kopsia longiflora Merrill

Kopsamin
Kopsiflorin
Kopsilongin
Kopsin
Kopsinin

Kopsia pruniformis Reichb. f. et Zoll. ex Bakh. f. siehe Kopsia fruticosa (Ker.) A. DC.

Kospia singapurensis Ridley

Kopsaporin
Kopsingarin
Kopsingin

Leptactina densiflora Hook. f.

Eleagnin
Leptaflorin

Lochnera lancea Boj. ex A. DC. (= Vinca lancea Boj. (ex A. DC.) K. Schum.)

Ajmalicin
Lancein
Tetrahydroalstonin
Yohimbin

Lochnera rosea Reichb. siehe Vinca rosea L.

Macoubea guianensis Aubl.

Macoubein

Meratia praecox Rehd. et Wils. siehe Chimonanthus fragrans Lindle

Mitragyna africana Korthals siehe Mitragyna inermis O. Kuntze

Mitragyna ciliata Aubrév. et Pellegr.

Isorotundifolin
Rhynchophyllin
Rotundifolin

Mitragyna diversifolia Havil.

Mitraversin

Mitragyna inermis O. Kuntze (= Mitragyna africana Korthals)
> Rhynchophyllin
> Rotundifolin

Mitragyna macrophylla Hiern siehe Mitragyna stipulosa O. Kuntze

Mitragyna rotundifolia (Roxb.) O. Kuntze
> Mitragynol
> Rhynchophyllin
> Rotundifolin

Mitragyna rubrostipulacea Havil. (= Adina rubrostipulata K. Schum.)
> d-Mitraphyllin
> l-Mitraphyllin
> Stipulatin

Mitragyna speciosa Korthals
> Mitraspecin
> Mitragynin
> Stipulatin

Mitragyna stipulosa O. Kuntze (= Mitragyna macrophylla Hiern)
> Isorotundifolin
> d-Mitraphyllin
> Rhynchophyllin
> Rotundifolin

Mostuea buchholzii Engl.
> Sempervirin

Mostuea stimulans A. Chev.
> Gelsemin
> Sempervirin

Ochrosia elliptica Labill.
> Elliptamin
> Ellipticin
> Elliptinin
> Isoreserpilin
> Methoxyellipticin

Ochrosia glomerata Valeton
> Elliptamin
> Isoreserpilin

Ochrosia moorei F. Muell.
    Elliptamin
    Isoreserpilin

Ochrosia poweri Bailey
    Elliptamin
    Isoreserpilin
    Ochropin
    Poweramin
    Poweridin
    Powerin
    Reserpin

Ochrosia sandwicensis A. DC.
    Ellipticin
    Holeinin
    Methoxyellipticin

Ourouparia formosana Matsumura et Hayata
    Uncarin B

Ourouparia gambir Baill. (= Uncaria gambir Roxb.)
    Gambirin

Ourouparia guianensis Aubl. (= Uncaria tomentosa DC.)
    Rhynchophyllin

Ourouparia rhynchophylla Matsumura (= Uncaria rhynchophylla Miq.)
    Isorhynchophyllin
    Rhynchophyllin

Passiflora actinea Hook.
    Harman

Passiflora alata Ait.
    Harman

Passiflora alba
    Harman

Passiflora bryonioides
    Harman

Passiflora capsularis
    Harman

Passiflora edulis Sims.
> Harman

Passiflora eichleriana Mast.
> Harman

Passiflora incarnata L.
> Harman

Passiflora quadrangularis L.
> Harman

Passiflora ruberosa
> Harman

Pausinystalia macroceras siehe Corynanthe macroceras K. Schum.

Pausinystalia yohimba (K. Schum.) Pierre siehe Corynanthe yohimbe K. Schum.

Peganum harmala L.
> Harmalin
> Harmalol
> Harmidin
> Harmin

Pentaceras australis Hook. f.
> Canthinon
> Methoxycanthinon
> Methylthiocanthinon

Peschiera affinis (Muell.-Arg.) Miers
> Affinin
> Affinisin

Petalostylis labicheoides R. Br.
> Eleagnin

Physostigma cylindrospermum
> Physostigmin

Physostigma venenosum Balf.
> Geneserin
> Physostigmin

Picralima klaineana Pierre (= Picralima nitida Stapf)
> Akuammenin
> Akuammicin

Akuammidin
Akuammigin
Akuammilin
Akuammin
Deacetylpicralin
Picralin
Pseudoakuammicin
Pseudoakuammigin

Picralima nitida Stapf siehe Picralima klaineana Pierre

Pleicarpa flavescens Stapf

Kopsinilam
Kopsinin
Pleicarpin
Pleicarpinilam
Pleicarpinin

Pleicarpa mutica Benth.

Eburnamenin
Eburnamin
Flavocarpin
Kopsinilam
Kopsinin
Pleiocarpamin
Pleiocarpin
Pleiocarpinilam
Pleiocarpinin
Pleiomutin
Pleiomutinin

Pleicarpa tubicina Stapf (= Pleiocarpa pycnantha (K. Schum.) Stapf var. tubicina (Stapf) Pichon

Dihydroakuammicin
Kopsinin
Lactam 3
Tubifolidin
Tubifolin
Tuboflavin
Tubotaiwin
Tuboxenin

Pleicarpa pycnantha (K. Schum.) Stapf var. tubicina (Stapf) Pichon siehe Pleiocarpa tubicina Stapf

Pseudocinchona africana Aug. Chev.

Corynantheidin
Corynanthein
Corynanthin
Corynoxein

Corynoxin
Dihydrocorynanthein
α-Yohimbin

Pseudocinchona mayumbensis (Good) Raymond-Hamet

Corynanthin
Mayumbin

Rauwolfia affinis Muell. Arg.

Deserpidin
Rescinnamin
Reserpilin
Reserpinin

Rauwolfia amsoniaefolia A. DC.

Ajmalicin
Aricin
Deserpidin
Rescinnamin
Reserpin
Reserpsäuremethylester
Yohimbin

Rauwolfia bahiensis A. DC.

Rescinnamin
Reserpilin
Reserpin
Reserpinin

Rauwolfia beddomei Hook. f.

Ajmalicin
Sarpagin

Rauwolfia boliviana Mgf.

Ajmalin
Isoreserpilin
Reserpilin
Reserpin

Rauwolfia caffra Sond. (= Rauwolfia natalensis Sond.
= Rauwolfia welwitschii Stapf)

Rescinnamin
Reserpin

Rauwolfia cambodiana Pierre ex Pitard

Isoreserpilin
Reserpin

Rauwolfia canescens L.

   Ajmalicin   Raujemidin
   Ajmalin   Raunescin
   Aricin   Renoxydin
   Canembin   Reserpilin
   Corynanthin   Reserpin
   Deserpidin   Reserpinin
   Isoraunescin   Sarpagin
   Isoreserpilin   Serpentin
   Isoreserpinin   Yohimbin
   Pseudoreserpin α-Yohimbin
   Pseudoyohimbin β-Yohimbin

Rauwolfia chinensis Hemsl.

   Ajmalicin
   Ajmalin
   Reserpin

Rauwolfia cubana A. DC.

   Deserpidin
   Rescinnamin
   Reserpilin
   Reserpin

Rauwolfia cummunsii Stapf

   Reserpin

Rauwolfia decurva Hook. f.

   Isoreserpilin
   Rescinnamin
   Reserpilin
   Reserpin
   Reserpinin
   Sarpagin

Rauwolfia degeneri Sherff

   Ajmalin
   Serpentinin
   Tetraphyllicin
   Tetraphyllin

Rauwolfia densiflora Benth. et Hook. f.

   Ajmalin
   Reserpin
   Reserpinin
   Sarpagin

Rauwolfia discolor

    Reserpilin
    Reserpinin
    Tetraphyllin

Rauwolfia fruticosa Burck.

    Ajmalin
    Serpentin
    Yohimbin

Rauwolfia grandiflora Mart.

    Pseudoreserpin
    Raugustin
    Raunescin
    Reserpilin
    Reserpin

Rauwolfia heterophylla R. et S. (= Rauwolfia hirsuta Jacq.)

    Ajmalicin
    Ajmalin
    Aricin
    Deserpidin
    Isoreserpilin
    Pseudoreserpin
    Raunescin
    Reserpin
    Sarpagin
    Serpentin
    Yohimbin
    α-Yohimbin

Rauwolfia hirsuta Jacq. (= Rauwolfia canescens L.
              = Rauwolfia heterophylla R. et S.)

    Alstonin
    Deserpidin
    Reserpilin
    Reserpin
    α-Yohimbin

Rauwolfia indecora Woods.

    Ajmalin
    Rescinnamin
    Reserpilin
    Reserpin
    Reserpinin
    Sarpagin

Rauwolfia inebrians K. Schum.

    Ajmalicin
    Rescinnamin

>
> Reserpilin
> Reserpin

Rauwolfia lamarkii A.DC. (= Rauwolfia viridus)

> Rescinnamin
> Reserpilin
> Reserpin
> Reserpinin

Rauwolfia ligustrina R. et S.

Ajmalicin	Raunescin
Ajmalin	Renoxydin
Aricin	Rescinnamin
Deserpidin	Reserpilin
Isoraunescin	Reserpin
Isoreserpilin	Sarpagin
Isoreserpilin-ψ-indoxyl	Serpentin
Isoreserpin	Serpentinin
Isoreserpinin	Tetrahydroalstonin
Pseudoreserpin	Yohimbin
Raugustin	α-Yohimbin

Rauwolfia littoralis Rusby siehe Rauwolfia macrocarpa Stapf

Rauwolfia longeacuminata de Wild. et Th. Dur.

> Reserpin

Rauwolfia longifolia A.DC. siehe Tonduzia longifolia (A.DC.) R. E. Woods.

Rauwolfia macrocarpa Stapf (= Rauwolfia littoralis Rusby)

> Deserpidin
> Rescinnamin
> Reserpin

Rauwolfia macrophylla Stapf

> Reserpin

Rauwolfia mannii Stapf

> Reserpin

Rauwolfia mattfeldiana Mgf.

> Pseudoreserpin
> Raugustin
> Reserpilin

Rauwolfia mauiensis Sherff

> Mauiensin
> Sandwicin

Serpentinin
Tetraphyllicin

Rauwolfia micrantha Hook. f.

Ajmalicin
Ajmalin
Neosarpagin
Raunamin
Reserpilin
Reserpin

Rauwolfia mombasiana Stapf

Ajmalin
Rescinnamin
Reserpilin
Reserpin

Rauwolfia nana E. A. Bruce

Reserpin

Rauwolfia natalensis Sond. (= Rauwolfia caffra Sond.)

Ajmalin
Reserpin

Rauwolfia nitida (Jacq.)

Ajmalicin
Isoreserpilin
Isoreserpinin
Rauniticin
Raunitidin
Rescinnamin
Reserpilin
Reserpin
Reserpinin

Rauwolfia obscura K. Schum.

Alstonin
Rescinnamin
Reserpin

Rauwolfia paraensis Ducke

Rescinnamin
Reserpilin
Reserpin

Rauwolfia pentaphylla Ducke

Ajmalicin
Deserpidin

Rescinnamin
Reserpilin
Reserpin
Reserpinin

Rauwolfia perakensis King et Gamble

Ajmalin
Alkaloid RP-1
Alkaloid RP-2
Alkaloid RP-3
Isoreserpilin
Neoreserpilin
Pelirin
Perakenin
Perakin
Reserpin
Sarpagin

Rauwolfia rosea K. Schum.

Ajmalicin
Reserpilin
Reserpin

Rauwolfia salicifolia Griseb.

Deserpidin
Rescinnamin
Reserpilin
Reserpin

Rauwolfia sandwicensis A. DC.

Ajmalicin
Reserpilin
Reserpin
Sandwicensin
Sandwicin
Serpentinin
Tetraphyllicin
Tetraphyllin

Rauwolfia sarapiquensis Woods.

Reserpin

Rauwolfia schueli Spegazzini

Ajmalin
Aricin
Isoreserpilin
Reserpilin
Reserpin

Rauwolfia sellowii Muell. Arg.
> Ajmalicin
> Ajmalidin
> Ajmalin
> Ajmalinin
> Alkaloid A
> Alkaloid B
> Aricin
> Reserpin
> Serpentin
> Tetrahydroalstonin
> Tetraphyllicin

Rauwolfia semperflorens Schlecht.
> Semperflorin
> Schm. 323·

Rauwolfia serpentina Benth.

Ajmalicin	Rescinnamin
Ajmalin	Reserpilin
Ajmalinin	Reserpsäuremethylester
Alkaloid C	Reserpin
Chandrin	Reserpinin
Corynanthin	Sarpagin
Deserpidin	Serpentin
Isoajmalin	Serpentinin
Isorauhimbin	Tetraphyllicin
Raugallin	Yohimbin
Rauwolfinin	α-Yohimbin
Renoxydin	

Rauwolfia sprucei Muell. Arg.
> Deserpidin
> Rescinnamin
> Reserpilin
> Reserpin

Rauwolfia sumatrana Jack
> Ajmalicin
> Ajmalin
> Aricin
> Rescinnamin
> Reserpilin
> Reserpin
> Serpentin
> Yohimbin
> α-Yohimbin

Rauwolfia ternifolia H. B. et K.

    Deserpidin
    Isoraunescin
    Pseudoreserpin
    Raugustin
    Raunescin
    Rescinnamin
    Reserpilin
    Reserpin
    Reserpinin

Rauwolfia tetraphylla L.

    Ajmalin
    Deserpidin
    Pseudoyohimbin
    Reserpin
    Reserpinin
    Serpentinin
    Tetraphyllicin
    Tetraphyllin

Rauwolfia verticillata (Lour.) Baill.

    Ajmalicin
    Samatin

Rauwolfia viridus (= Rauwolfia lamarkii A. DC. siehe auch dort)

    Reserpin

Rauwolfia vomitoria Afzel.

Ajmalicin	Raumitorin	Sarpagin
Ajmalin	Rauvanin	Seredin
Ajmalinin	Rauvomitin	Serpentinin
Alstonin	Renoxydin	Vomalidin
Deserpidin	Rescidin	Vomilenin
Isoajmalin	Rescinnamin	Yohimbin
Isoreserpilin	Reserpilin	α-Yohimbin
Isoreserpilin-ψ-indoxyl	Reserpin	

Rauwolfia welwitschii Stapf

    Ajmalin
    Reserpin

Remijia purdieana Wedd.

    Chairamin
    Cinchonamin
    Conchairamidin
    Conchairamin
    Concusconin

Rhazya stricta Decaisne

    Akuammidin
    Aspidospermidin
    1,2-Dehydroaspidospermidin
    Eburnamenin
    Eburnamin
    Eburnamonin
    (-) Quebrachamin
    Rhazinin

Schizozygia caffaeoides (Boj.) Baill.

    Caffaeoschizin
    Isoschizogalin
    Isoschizogamin
    Schizogalin
    Schizogamin
    Schizolutein
    Schizophyllin
    Schizozygin
    α-Schizozygol
    β-Schizozygol
    Tabernoschizin

Sickingia rubra K. Schum. siehe Arariba rubra Mart.

Stemmadenia donnell-smithii (Rose) Woods.

    Isovoacangin
    (+) Quebrachamin
    Stemmadenin
    Tabernanthin
    Voacamin
    Voacangin

Stemmadenia galeottiana (A. Rich.) Miers

    Ibogamin

Strychnos aculeata Solered.

    Brucin

Strychnos amazonica Kruk.

    Alkaloid γ
    C-Mavacurin

Strychnos cinnamomifolia Thwaites

    Brucin
    Strychnin

Strychnos colubrina L.

    Brucin
    Strychnin

Strychnos diaboli Sandwith

    Diabolin

Strychnos divaricans Ducke

    C-Calebassin
    C-Curarin I
    C-Fluorocurarin
    C-Mavacurin

Strychnos froesii Ducke

    C-Alkaloid E
    C-Alkaloid I
    C-Alkaloid J
    C-Alkaloid L
    C-Curarin I
    C-Dihydrotoxiferin
    C-Fluorocurinin
    C-Toxiferin I

Strychnos gaultheriana Pierre (= Strychnos malaccensis Benth.)

    Brucin
    Pseudobrucin
    Pseudostrychnin
    Strychnin

Strychnos guianensis Baill.

    C-Guaianin

Strychnos henningsii Gilg

    Henningsolin
    $C_{23}H_{28}O_5N_2$
    $C_{24}H_{30}O_5N_2$

Strychnos holstii Gilg ex Engl. var. reticulata f. condensata

    Condensamin
    Holstiin
    Holstilin
    Retulin

Strychnos icaja Baill.

    Alkaloid B
    Alkaloid C
    Brucin
    Strychnin

Strychnos ignatii Berg.
>   Brucin
>   Strychnin

Strychnos kipapa Gilg
>   Brucin
>   Strychnin

Strychnos KL 1929
>   Diabolin

Strychnos lanceolaris Miq.
>   Brucin

Strychnos ligustrina Bl.
>   Brucin
>   Strychnin

Strychnos lucida R. Br.
>   Brucin
>   Strychnin

Strychnos macrophylla Barb. Rodr.
>   C-Fluorocurin
>   Macrophyllin A
>   C-Mavacurin

Strychnos malaccensis Benth. siehe Strychnos gaultheriana Pierre

Strychnos melinoniana Baill.
>   Flavopereirin
>   C-Fluorocurin
>   C-Mavacurin
>   Melinonin A
>   Melinonin B
>   Melinonin E
>   Melinonin F
>   Melinonin H
>   Melinonin I
>   Melinonin K
>   Melinonin L
>   Melinonin M

Strychnos mitscherlichii R. Schomb. (= Strychnos smilacina Benth.)
>   C-Alkaloid B
>   C-Alkaloid C
>   C-Alkaloid D
>   C-Alkaloid I

C-Calebassin
C-Curarin I
C-Fluorocurarin
C-Fluorocurin
C-Fluorocurinin
C-Mavacurin

Strychnos nux-vomica L.

Brucin
α-Colubrin
β-Colubrin
Novacin
Pseudostrychnin
Strychnin
Vomicin

Strychnos psilosperma F. Muell.

Desacetylstrychnospermin
Spermostrychnin
Strychnin
Strychnospermin

Strychnos quaqua Gilg

Brucin
Strychnin

Strychnos rheedei Clarke

Brucin
Strychnin

Strychnos rubiginosa A. DC.

C-Alkaloid I
C-Alkaloid L
C-Fluorocurarin
C-Fluorocurinin

Strychnos smilacina Benth. siehe Strychnos mitscherlichii R. Schomb.

Strychnos solimoesana Kruk.

C-Alkaloid C
C-Alkaloid D
C-Alkaloid E
C-Alkaloid F
C-Alkaloid G
C-Calebassin
C-Calebassinin
C-Curarin I
C-Fluorocurarin
C-Fluorocurinin

Strychnos subcordata Spruce

    C-Alkaloid L
    Caracurin III
    C-Fluorocurarin
    C-Fluorocurin
    C-Mavacurin
    Wieland-Gumlich-Aldehyd

Strychnos tieuté Lesch.

    Brucin
    Strychnin

Strychnos tomentosa Benth.

    C-Alkaloid E
    C-Alkaloid J
    C-Fluorocurarin
    C-Fluorocurinin

Strychnos toxifera R. Schomb.

    C-Alkaloid A
    Caracurin I
    Caracurin II
    Caracurin-II-methosalz
    Caracurin III
    Caracurin IV
    Caracurin V
    Caracurin VI
    Caracurin VIII
    Caracruin IX
    Fedamazin
    C-Fluorocurin
    Macusin A
    Macusin B
    C-Mavacurin
    Nordihydrotoxifern
    C-Profluorocurin
    C-Toxiferin I
    Toxiferin II
    Toxiferin III
    Toxiferin VI
    Toxiferin VII
    Toxiferin VIII
    Toxiferin X
    Toxiferin XII
    Wieland-Gumlich-Aldehyd
    $N_{(b)}$-Wieland-Gumlich-Aldehyd-chlormethylat
    C-Xanthocurin

Strychnos trinervis (Vell.) Mart.

    C-Alkaloid H
    C-Alkaloid J
    C-Calebassin
    C-Curarin I
    C-Dihydrotoxiferin
    C-Fluorocurarin
    C-Fluorocurinin

Symplocos recemosa Roxb.

    Harman

Tabernaemontana australis Muell. Arg.

    Voacamin
    Voacangin

Tabernaemontana coronaria Br. siehe Ervatamia coronaria Stapf

Tabernaemontana laevis Vell. (Geissospermum vellosii)

    Geissospermin

Tabernaemontana oppositifolia Urb.

    Corònaridin
    Ibogamin
    Voacamin
    Voacangin

Tabernaemontana psychotrifolia H. B. et K.

    Coronaridin
    Olivacin
    Voacamin
    Voacangin

Tabernanthe iboga Baill.

    Desmethoxyibolutein
    Gabonin
    Hydroxyindoleninibogain
    Hydroxyindoleninibogamin
    Ibogain
    Ibogalin
    Ibogamin
    Ibolutein
    Iboxygain
    Kimvulin
    Kisantin
    Tabernanthin
    Voacangin

Tonduzia longifolia (A. DC.) Mgf. (= Rauwolfia longifolia A. DC.)

    Ajmalicin
    Ajmalin
    Deserpidin
    Rescinnamin
    Reserpin
    Vincamajin

Uncaria gambir Roxb. siehe Ourouparia gambir Baill.

Uncaria kawakamii Hayata

    Hanadamin
    d-Mitraphyllin

Uncarin A
Uncarin B

Uncaria rhynchophylla Miq. siehe Orouparia rhynchophylla Mats.

Uncaria tomentosa siehe Orouparia guianensis Aubl.

Vallesia dichotoma Ruiz et Pav.
Aspidospermin
Dichotamin
Reserpin
Vallesin

Vallesia glabra (Cav.) Link
Aspidospermin
Vallesin

Viburnacee, brasilianische (?)
C-Alkaloid P
Croceocurin
Kryptocurin
C-Xanthocurin

Vinca difformis Pourr.
Akuammidin
Sarpagin
Vincadifformin
Vincamajin
Vincamedin
Vincamin

Vinca erecta Rgl. et Schmalh.
Ajmalicin
Ervin
Ervinidin
Reserpinin
Vincamin
Vincanidin
Vincanin
Vincaridin
Vincarin

Vinca herbacea W. K. I.
Herbacein

Vinca lancea Boj. (ex A. DC.) K. Schum. siehe Lochnera lancea Boj. ex A. DC.

Vinca major L. (Vinca pubescens Urv.)

    Akuammin
    Pubescin
    Reserpinin
    Sarpagin
    Serpentin
    Vincamajin
    Vincamajorein
    Vincamedin
    Vincamin
    Tetrahydroalstonin
    Vinin

Vinca minor L.

    Alkaloid VM-15
    16-Methoxyminovincin
    Minoricein
    Minoricin
    Minovin
    Minovincin
    Minovincinin
    Reserpin
    Vincadin
    Vincadifformin
    (-) Vincadifformin
    Vincamidin
    Vincamin
    Vincaminin
    Vincaminorein
    Vincaminoridin
    Vincaminorin
    Vincanorin
    Vincarein
    Vincarodin
    Vincin
    Vincinin
    Vincorin

Vinca pubescens Urv. siehe Vinca major L.

Vinca rosea (L.) Reichb. (= Catharanthus roseus G. Don
              = Lochnera rosea Reichb.)

Ajmalicin	Catharicin	Lochnericin
Akuammin	Catharin	Lochneridin
Alstonin	Cavincin	Lochnerin
Ammocallin	Isoleurosin	Lochnerinin
Ammorosin	Leurocristin	Lochnerivin
Carosidin	Leurosidin	Neoleurocristin
Carosin	Leurosin	Neoleurosidin
Catharanthin	Leurovisin	Pericallin

Perivin	Vinblastin	Vindolin
Pleurosin	Vincamicin	Vindolinin
Reserpin	Vincarodin	Vindorisin
Serpentin	Vindolicin	Vinosidin
Sitsirikin	Vindolidin	Virosin
Tetrahydroalstonin	Vindolidin	

Vinca rosea (L.) Reichb. var. alba (Sweet.) Hubbd.

Serpentin

Voacanga africana Stapf

Voacafricin
Voacafrin
Voacalin
Voacamidin
Voacamin
Voacangin
Voacorin
Voacristin
Voacryptin
Vobasin
Vobtusin

Voacanga bracteata Stapf

Voacorin

Voacanga chalotiana Pierre ex Stapf

Voachalotin

Voacanga dregei E. M.

Dregamin
Voacangin
Vobtusin

Voacanga schweinfurthii Stapf

Voacamin
Vobtusin

Voacanga thouarsii Roem. et Schult. var. obtusa K. Schum.

Voacamin
Voacangin
Vobtusin

Xanthoxylum budrunga Wall. siehe Xanthoxylum rhetsa A. DC.

Xanthoxylum rhetsa A. DC. (= Xanthoxylum budrunga Wall.)
        Rhetsin
        Rhetsinin

Xanthoxylum suberosum C. T. White
        Canthinon

Sachregister

N-Acetylaspidospermatidin 42
N-Acetyl-N-depropionyl-
   aspidoalbin 132
Adifolin 114
Adinin 114
Affinin 137
Affinisin 136
Ajmalicin 56
Ajmalidin 71
Ajmalin 71
Ajmalinin 110
Akuammenin 108
Akuammicin 45
Akuammicinmethochlorid 46
Akuammidin 70
Akuammigin 59
Akuammilin 115
Akuammin 49, 135
Alkaloid A 126
C-Alkaloid A 52
Alkaloid A 8 45
Alkaloid AD-IV 110, 133
Alkaloid AD-V 126
Alkaloid AD-VI 110, 133
Alkaloid B 14
Alkaloid B 82
Alkaloid B 119
Alkaloid B 126
C-Alkaloid B 121
u-Alkaloid B 14
C-Alkaloid BL 122
Alkaloid C 57
Alkaloid C 68
Alkaloid C 86
Alkaloid C 119
C-Alkaloid C 127
u-Alkaloid C 14
C-Alkaloid D 50
u-Alkaloid D 14
Alkaloid D_1 127
Alkaloid D_2 53
Alkaloid E 105
C-Alkaloid E 51
Alkaloid E_1 108
C-Alkaloid F 52
H-Alkaloid F 138
C-Alkaloid G 51
C-Alkaloid H 51
H-Alkaloid H 138

C-Alkaloid I 105
H-Alkaloid I 138
C-Alkaloid J 105
H-Alkaloid J 138
C-Alkaloid K 51
H-Alkaloid K 139
C-Alkaloid L 126
Alkaloid M 127
C-Alkaloid M 108
H-Alkaloid N 139
C-Alkaloid O 110
C-Alkaloid P 108
C-Alkaloid Q 116
C-Alkaloid R 113
Alkaloid RP-1 116
Alkaloid RP-2 119
Alkaloid RP-3 120
C-Alkaloid S 105
C-Alkaloid T 68
C-Alkaloid UB 106
Alkaloid V 127
C-Alkaloid V 128
Alkaloid VM-15 128
C-Alkaloid X 128
C-Alkaloid Y 66
Alkaloid γ 121
C-Alkaloid 1 106
C-Alkaloid 2 128
Alkaloid 205 13
Alkaloid 266 B 42
Alkaloid 280 A 31
Alkaloid 280 B 42
Alkaloid 282 A 31
Alkaloid 296 A 32
Alkaloid 296 B 42
Alkaloid 308 B 42
Alkaloid 312 A 32
Alkaloid 326 A 35
Alkaloid 338 B 42
Alkaloid 340 B 43
Alkaloid 342 A 35
Alkaloid 384 A 39
Alloyohimbin 78
Alstonidin 60
Alstonilin 78
Alstonin 55
Ammocallin 136
Ammorisin 139
Amsonin 77

Aribin 95
Aricin 60
Aspidoalbin 39
Aspidocarpin 37
Aspidofilin 33
Aspidofractin 35
Aspidofractinin 31
Aspidolimidin 37
Aspidolimin 39
Aspidosamin 116
Aspidospermatidin 42
Aspidospermatin 42
Aspidospermidin 31
Aspidospermin 37

Banisterin 95
Brevicollin 135
Brucin 48
Burnamicin 133

Caffaeoschizin 106
C-Calebassin 52
C-Calebassinin 105
Callichilin 114
Calligonin 135
Calycanthidin 93
Canembin 79
Canescin 80
Canthinon 17
Caracurin I 128
Caracurin II 50
Caracurin-II-methosalz 50
Caracurin III 128
Caracurin IV 112
Caracurin V 52
Caracurin VI 52
Caracurin VII 45
Caracurin VIII 128
Caracurin IX 128
Carapanaubin 134
Carosidin 127
Carosin 124
Catharanthin 22
Catharicin 124
Catharin 124
Cavincin 139
Chairamin 116
Chandrin 120
Chimonanthin 93
Chinamin 19
Chlorogenin 55
Cimicidin 118
Cinchonamin 19

Cinchovatin 60
α-Colubrin 48
β-Colubrin 48
Conchairamidin 116
Conchairamin 116
Conchinamin 19
Concusconin 117
Condensamin 119
Condylocarpin 42
Conoduramin 122
Conodurin 122
Conopharyngin 24
Coronaridin 22
Coronarin 123
Corymin 102
Corynantheidin 63
Corynanthein 63
Corynanthidin 77
Corynanthin 78
Corynoxein 87
Corynoxin 88
Croceocurin 129
Cryptolepin 101
C-Curarin I 51
C-Curarin II 108
C-Curarin III 46
Cusconin 117
Cylindrocarpidin 38
Cylindrocarpin 40

Deacetylaspidospermatin 42
Deacetylaspidospermin 32
Deacetylpicralin 136
Deacetylpyrifolidin 35
Decarbomethoxyisokopsin 32
Decarbomethoxykopsin 32
1,2-Dehydroaspidospermidin 31
Dehydroevodiamin 90
Demethoxypalosin 37
O-Demethylaspidocarpin 132
Desacetylstrychnospermin 47
Deserpidin 80
Desmethoxyibolutein 21
Diabolin 45
Dichotamin 115
Dihydroakuammicin 132
14,19-Dihydroapsidospermatin 43
Dihydrocorynathein 63
Dihydrocorynantheol 64
Dihydrocorynantheol-methochlorid 64
1,2-Dihydroellipticin 14
1,2-Dihydroellipticin-methonitrat 13

1,2-Dihydro-olivacin 14
C-Dihydrotoxiferin 51
Dihydroyohimbin 78
12,13-Dimethoxy-coronaridin 24
Diplorrhyncin 46
Ditain 103
Dregamin 26

Eburnamenin 28
Eburnamin 28
Eburnamonin 28
Echitamidin 47
Echitamin 103
Eleagnin 96
Elliptamin 120
Ellipticin 13
Ellipticin-methonitrat 13
Elliptin 58
Elliptinin 15
Epichinamin 19
3-epi-α-Yohimbin 78
Ervin 111
Ervinidin 113
Eseridin 99
Eserin 99
Evodiamin 90
($\pm$)Evodiamin 90

Fedamazin 107
Flavocarpin 101
Flavopereirin 101
C-Fluorocurarin 46
C-Fluorocurin 66
C-Fluorocurinin 114
Folicanthin 93
Formosanin 87
Fruticosamin 114
Fruticosin 114

Gabonin 113
Gambirin 79
Geissolosimin 53, 64
Geissoschizolin 45
Geissospermin 53, 64
Gelsedin 106, 134
Gelsemicin 86
Gelsemin 86
Gelsevirin 111
Geneserin 99
C-Guaianin 109
d-Guatambuin 14
dl-Guatambuin 14

l-Guatambuin 14
Guatambuinin 13

Hanadamin 111
Haplocidin 132
Haplocin 132
Haplophytin 121
Harmalin 96
Harmalol 96
Harman 95
Harman-3-carbonsäure 95
Harmidin 105
Harmin 95
Hemitoxiferin I 45
Henningsolin 137
Herbacein 120
Heterophyllin 60
Hodgkinsin 91
Holeinin 59
Holstiin 117
Holstilin 118
Hortiacin 90
Hortiamin 91
Hunteracinchlorid 137
Hunterburnin-α-methojodid 102
Hunterburnin-β-methojodid 101
Hunterin 122
Hunterbrinmethochlorid 134
Hunteramin 138
Hydroxyindolenin-ibogamin 21
Hydroxyindolenin-ibogain 21
Hypoquebrachamin 112

Ibogain 21
Ibogalin 22
Ibogamin 21
Ibolutein 22
Iboxygain 22
Isoajmalin 72
C-Isodihydrotoxiferin I 121
Isoeburnamin 28
Isoleurosin 125
Isorauhimbin 78
Isoraunescin 80
Isorauwolfin 72
Isoreserpilin 58
Isoreserpilin-ψ-indoxyl 59
Isoreserpin 83
Isoreserpinin 60
Isorhynchophyllin 88
Isorotundifolin 135
Isoschizogamin 111

Isoschizogalin 107
Isovincamin = Gemisch aus Vincin und Vincamin
Isovoacangin 23
Isoyohimbin 77

Kamassin 31
Kimvulin 109
Kisantin 113
Kopsamin 119
Kopsaporin 117
Kopsiflorin 118
Kopsilongin 120
Kopsin 36
Kopsingarin 118
Kopsingin 119
Kopsinilam 33
Kopsinin 33
Koumin 107
Kounidin 111
Kromantin 139
Kryptocurin 110

Lactam 3 127
Lancein 119
Leptaflorin 97
Leptocladin 96
Leurocristin 24, 40
Leurosidin 126
Leurosin 125
Leurovisin 138
Limaspermin 37
Lochneram 68
Lochnericin 111
Lochneridin 47
Lochnerin 68
Lochnerinin 115
Lochnerivin 138
Loturin 95

Macoubein 115
Macralstonidin 122
Macralstonin 123
Macrophyllin 123
Macrophyllin A 108
Macusin A 69
Macusin B 69
Marcgravianin 64
Mauiensin 109
C-Mavacurin 66
Mayumbin 60
Melinonin A 58
Melinonin B 63
Melinonin E 75

Melinonin F 95
Melinonin G 101
Melinonin H 107
Melinonin I 126
Melinonin K 126
Melinonin L 115
Melinonin M 127
Mesoyohimbin 77
Methoxycanthinon 17
10-Methoxy-dihydrocory-nantheol 133
10-Methoxy-dihydrodehydrocory-nantheol 133
Methoxyellipticin 13
16-Methoxy-limaspermin 39
16-Methoxy-minovincin 36
11-Methoxy-vincamin 29
11-Methoxy-yohimbin 79
N-Methylaspidospermatidin 42
1-Methylaspidospermidin 32
N-Methyldeacetylaspidospermin 35
O-Methyleburnamin 131
N-Methylharman 95
N-Methyltetrahydro-β-carbolin 95
N-Methyltetrahydroellipticin 14
N-Methyltetrahydroharmol 96
Methylthiocanthinon 17
N-Methyl-vincadifformin 36
Minoricein 137
Minoricin 137
Minorin 29
Minovin 36
Minovincin 33
Minovincinin 34
Mitragynol 88, 135
Mitragynin 103, 133
d-Mitraphyllin 87
l-Mitraphyllin 86, 87
Mitraspecin 118
Mitraversin 115
Mitrinermin 88
Mossambin 46

Neoajmalin 71
Neoleurocristin 124
Neoleurosidin 125
Neoreserpilin 138
Neosarpagin 68
Nordihydrotoxiferin 51
Norfluorocurarin 47
Normacusin B 69
Novacin 49

Ochropin 26
Olivacin 13

Palosin 38
Passiflorin 95
Pelirin 113
Perakenin 126
Perakin 73
Pereirin 45
Pericallin 139
Perivin 109
Perivincin = Gemisch
Perobin 126
Physostigmin 99
Picralin 117, 136
Pleiocarpamin 110
Pleiocarpin 38
Pleiocarpinidin 28
Pleiocarpinilam 36
Pleiocarpinin 36
Pleiocin 38
Pleiocinin 36
Pleiomutin 123
Pleiomutinin 121
Pleurosin 124
Polyneuridin 69
Poweramin 118
Poweridin 79
Powerin 113
C-Profluorocurin 66
Pseudoakuammicin 46
Pseudoakuammigin 49, 135
Pseudobrucin 48
Pseudofluorocurin 109
Pseudoreserpin 81
Pseudostrychnin 48
Pseudoyohimbin 78
Pubescin 110
Pyrifolidin 39
(-) Pyrifolidin 39
Pyrifolin 38

Quebrachacidin 120
(+) Quebrachamin 31
(-) Quebrachamin 31
Quebrachidin 72
Quebrachin 76
Quillobordin 129

Raubasin 56
Raubasinin 58
Raugallin 113
Raugustin 81

Rauhimbin 78
Raujemidin 83
Raumitorin 56
Raunamin 118
Raunescin 79
Raunescin 80
Rauniticin 57
Raunitidin 59
Raunormin 80
Raupin 68
Rauvanin 57
Rauvomitin 70
Rauwolfin 71
Rauwolfinin 73
Rauwolscin 77
Recanescin 80
Refractidin 34
Refractin 38
Renoxydin 83
Rescidin 83
Rescinnamin 84
Reserpilin 57
Reserpin 82
Reserpinin 58
Reserpinin 84
Reserpoxydin 83
Reserpsäuremethylester 79
Retulin 112
Rhazin 70
Rhazinin 106
Rhetsin 90
Rhetsinin 91
Rhynchophyllin 88
Rotundifolin 88, 134
Rubradinin 86
Rutaecarpin 90

Samatin 114
Sandwicensin 105
Sandwicin 72
Sarpagin 68
Schizogalin 107
Schizogamin 111
Schizolutein 106
Schizophyllin 112
Schizozygin 29
α-Schizozygol 107
β-Schizozygol 108
Semperflorin 112
Sempervirin 75
Seredin 79
Serpentin 55
Serpentinin 61
Serpinin 70

Sitsirikin   112, 134
Spegazzinidin   35
Spegazzinin   35
Spermostrychnin   47
Stemmadenin   43, 102
Stipulatin   135
Strychnin   47
Strychnospermin   47
C-Strychnotoxin   52

Tabernaemontanin   26
Tabernanthin   21
Tabernoschizin   105
(-) Tabersonin   32
Telepathin   95
Tetrahydroalstonin   58
Tetrahydroharman   96
Tetrahydroharman-N-oxid   135
d-Tetrahydroharmin   96
dl-Tetrahydroharmin   97
Tetrahydroharmol   96
Tetraphyllicin   70
Tetraphyllin   56
Tombozin   69
Toxiferin   51
C-Toxiferin I   51
Toxiferin II   121
C-Toxiferin II   52
Toxiferin IIa   109
Toxiferin IIb   109
Toxiferin III   110
Toxiferin IV   52
Toxiferin V   51
Toxiferin VI   112
Toxiferin VII   112
Toxiferin VIII   115
Toxiferin IX   50
Toxiferin X   105
Toxiferin XI   51
Toxiferin XII   121
Tuboflavin   101
Tubofolidin   133
Tubofolin   133
Tubotaiwin   132
Tuboxenin   139

Ulein   102
Unbenannt $C_{19}H_{24}O_2N_2$ 106
Unbenannt $C_{23}H_{28}O_5N_2$ 118
Unbenannt $C_{24}H_{30}O_5N_2$ 120
Unbenannt Schm. 268˙   127

Unbenannt Schm. 323˙   127
Uncarin A   87
Uncarin B   87

Vallesin   34
Vellosimin   69
Vellosiminol   69
Vellosin   117
C-Venezuelin   129
Villalstonin   122
Vinblastin   40
Vincadifformin   34
(-) Vincadifformin   34
Vincadin   113, 131
Vincain   56
Vincaleukoblastin   40
Vincamajin   72
Vincamajorein   112
Vincamajoridin   49
Vincamedin   70
Vincamicin   121
Vincamidin   108
Vincamin   29
Vincaminin   29
Vincaminorein   117, 131
Vincaminoridin   137
Vincaminorin   117
Vincamirin = Gemisch
Vincanidin   109
Vincanin   105
Vincanorin   28
Vincarein   111
Vincaridin   119
Vincarin   111
Vincarodin Schm. 159˙   137
Vincarodin Schm. 253˙   123
Vincein   56
Vincin   29
Vincinin   29
Vincorin   116
Vincristin   40
Vindolicin   120
Vindolidin Schm. 167˙   120, 131
Vindolidin Schm. 244˙   125
Vindolin   39
Vindolinin   33
Vindorisin   131
Vinin   106
Vinosidin   137
Vinrosidin   126
Virosin   115
Voacafricin   114
Voacafrin   115
Voacalin   122

Voacamidin 123
Voacamin 123, 131
Voacangarin 23
Voacangin 23
Voacanginin 123
Voachalotin 69
Voacorin 124, 131
Voacristin 23
Voacryptin 23
Vobasin 26
Vobtusin 122
Vomalidin 71
Vomicin 49
Vomilenin 72

Wieland-Gumlich-Aldehyd 45
N-Wieland-Gumlich-Aldehyd-
    chlormethylat 45

C-Xanthocurin 107

Yagein 95
Yohimben 78
Yohimbin 76
α-Yohimbin 77
β-Yohimbin 77
δ-Yohimbin 56
Yohimbolmethochlorid 75

Nachtrag während des Druckes

Die hier folgenden Verbindungen sind innerhalb der einzelnen Kapitel alphabetisch aufgeführt. In den drei Registern ist dieser Anhang nicht mehr aufgenommen worden. Die Literatur wurde bis Ende 1963 berücksichtigt.

Uebersichtsarbeiten

Indol-Alkaloide [A1)A2)]

Heteroyohimbin-Alkaloide [A3)]

Vinca-Alkaloide [A4)]

zu Kapitel I : Alkaloide vom Olivacin-Typ

<u>Ellipticin:</u>
Synthese [A5)]   (vgl. S. 13)

<u>1,2-Dihydro-ellipticin:</u>
Synthese [A5)]   (vgl. S. 14)

zu Kapitel III : Cinchona-Alkaloide mit Indolgerüst

<u>Allgemein:</u>
Synthese [A6)]

zu Kapitel IV : Iboga-Alkaloide

Name	Strukturformel	Vorkommen	Konst.	Schm.	pKa	Dreh.	IR.	NMR.	Mass.	UV.	Synth.
Catharanthin	vgl. S. 22		A 7)								
Conopharyngin	vgl. S. 24	Tabernaemontana pachsiphon var. cumminsi [A8)]		144-145° A 8)					A 8)		
Coronaridin	vgl. S. 22	Stemmadenia donnell-smithii [A9)] S. obovata [A9)] S. tomentosa var. palmeri [A9)] Tabernaemontana alba [A9)]		·HCl 225-230° (Z.) A 9)				A 9)		·HCl ATN 226(4,54) 284(3,88) 294(3,82) A 9)	

A1) B. Robinson, Chem. Reviews 63, 373 (1963).
A2) Y. Ban, Nippon Yakuzaishi Kyokai Zasshi 15, 8 (1962).
A3) M. Shamma und J. M. Richey, J. Amer. Chem. Soc. 85, 2507 (1963).
A4) N. Neuss, Bull. Soc. Chim. France 1963, 1509.
A5) T. R. Govindachari, S. Rajappa und V. Sudarsanam, Indian J. Chem. 1, 247 (1963).
A6) E. Ochiai, H. Kataoka, T. Dodo und M. Takahashi, Chem. Pharm. Bull. (Tokyo) 10, 76 (1962); Chem. Abstr. 58, 5743 (1963).
A7) M. Gorman und N. Neuss, Annali di Chimica 53, 43 (1963).
A8) J. Thomas und G. A. Starmer, J. Pharm. Pharmacol. 15, 487 (1963); Chem. Abstr. 59, 7852 (1963).
A9) O. Collera, F. Walls, A. Sandoval, F. García, J. Herrán und M. C. Perezamador, Boletin del Instituto de Quimica (Mexico) 14, 3 (1962).

Name	Strukturformel	Vorkommen	Konst.	Schm.	pKa	Dreh.	IR.	NMR.	Mass.	UV.	Synth.
Voacamin	vgl. S. 131		A10)						A10)		
Voacangin	vgl. S. 23	Stemmadenia obovata A9)							A10)		
Voacorin	vgl. S. 131		A10)					A10)	A10)		
Voacristin	vgl. S. 23										A10) A11)

zu Kapitel V : Alkaloide vom Vobasin-Typ

Name	Strukturformel	Vorkommen	Konst.	Schm.	pKa	Dreh.	IR.	NMR.	Mass.	UV.	Synth.
Dregamin		vgl. S. 26	A12)								A12)
Tabernaemon-tanin		vgl. S. 26	A12)	215-216° A12)							A12)
Vobasin		vgl. S. 26	A12)	6,13 MCS A12)		A12)	A12)		A10) A12)		A12) (B)

zu Kapitel VI : Alkaloide vom Eburnamin-Typ

Name	Strukturformel	Vorkommen	Konst.	Schm.	pKa	Dreh.	IR.	NMR.	Mass.	UV.	Synth.
Eburnamenin	vgl. S. 28	Hunteria eburnea A14)		6,45 MTN-WS 1:1 A14)						A14)	

A10) H. Budzikiewicz, C. Djerassi, F. Puisieux, F. Percheron und J. Poisson, Bull. Soc. Chim. France 1963, 1899.
A11) W. Winkler, Arch. Pharm. 295, 895 (1962).
A12) U. Renner, D. A. Prins, A. L. Burlingame und K. Biemann, Helv. Chim. Acta 46, 2186 (1963).
A13) M. P. Cava, S. K. Talapatra, K. Nomura, J. A. Weisbach, B. Douglas und E. C. Shoop, Chem. and Ind. 1963, 1242.
A14) M. F. Bartlett, R. Sklar, A. F. Smith und W. I. Taylor, J. Org. Chem. 28, 2197 (1963).

Name	Strukturformel	Vorkommen	Konst.	Schm.	pKa	Dreh.	IR.	NMR.	Mass.	UV.	Synth.
Eburnamin	vgl. S. 28	Haplophyton cimicidum A13) Hunteria eburnea A14)			7,7 MTN-WS 1:1 A14)				A15)	A14)	
Eburnamonin	vgl. S. 28	Hunteria eburnea A14)			6,1 MTN-WS 1:1 A14)					A14)	A17)
14-Epivincamin $C_{21}H_{26}O_3N_2$	vgl. Vincamin	Vinca minor A16)	A16)	181-185° A16)		-36° CRF A16)	A16)		A16)	ATN 226(4,51) 276(3,93) A16)	
Isoeburnamin	vgl. S. 28	Haplophyton cimicidum A13) Hunteria eburnea A14)			7,8 MTN-WS 1:1 A14)					ATN 229(4,54) 277$_s$(3,89) 282(3,90) 291$_s$(3,83) A14)	
Schizozygin	vgl. S. 29			A20)								
Vincamin	vgl. S. 29			A19)			A19) A21)	A19)	A18)			
Vincaminin (Vincarein)A21)	vgl. S. 29								A18)			
Vincin	vgl. S. 29								A18)			
Vincinin	vgl. S. 29								A18)			

zu Kapitel VII : Aspidosperma-Alkaloide

Name	Strukturformel	Vorkommen	Konst.	Schm.	pKa	Dreh.	IR.	NMR.	Mass.	UV.	Synth.
1-Acetyl-aspido-albidin $C_{21}H_{26}O_2N_2$	rel. Konf.	Vallesia dichotoma A22)	A22)	173-174° A22)		+46° CRF A22)	A22)		A22)	ATN 212(4,43) 253(4,17) 281$_s$(3,64) 288$_s$(3,57) A22)	

A15) G. Spiteller und M. Spiteller-Friedmann, Monatshefte Chem. 94, 742 (1963).
A16) J. Mokrý und I. Kompiš, Tetrahedron Letters 1963, 1917.
A17) R.T. Major und I.E. Kholy, J. Org. Chem. 28, 591 (1963).
A18) J. Holubek, O. Štrouf, J. Trojánek, A.K. Bose und E.R. Malinowski, Tetrahedron Letters 1963, 897.
A19) J. Mokrý, M. Shamma und H.E. Soyster, Tetrahedron Letters 1963, 999.
A20) U. Renner, Angew. Chem. 75, 1126 (1963).
A21) J. Mokrý, I. Kompiš, J. Suchý, P. Šefčovič und Z. Votický, Chem. Zvesti 17, 41 (1963).
A22) K.S. Brown, H. Budzikiewicz und C. Djerassi, Tetrahedron Letters 1963, 1731.

Name	Strukturformel	Vorkommen	Konst.	Schm.	pKa	Dreh.	IR.	NMR.	Mass.	UV.	Synth.
1-Acetyl-17-hydroxyaspido-albidin $C_{21}H_{26}O_3N_2$	vgl. 1-Acetyl-aspido-albidin	Vallesia dichotoma [A22]	A22)	amph. A22)			A22)	A22)	A22)	ATN 219(4,45) 257(3,94) 290(3,59) A22)	
Aspidoalbin	vgl. S. 39	Aspidosperma album [A23]									
Aspidocarpin	vgl. S. 37	Aspidosperma album [A23]									
(+) Aspidospermidin $C_{19}H_{26}N_2$	rel. Konf.		A24)	120–121° A24)		+17° ATN A24)		A24)	A24)	ATN 245(3,82) 297(3,47) A24)	A24)
Aspidospermin	vgl. S. 37										A25) A28) A26)
Cimicidin $C_{23}H_{28}O_5N_2$	16- od. 14-Methoxy-	Haplophyton cimicidum [A27]	A27)	266–268° (Z.) A27)			A27)	A27)			
Cimicin $C_{22}H_{26}O_4N_2$	Demethoxy-cimicidin	Haplophyton cimicidum [A27]	A27)	229–231° A27)		+113° CRF A27)	A27)	A27)			
(+) 1,2-Dehydro-aspidospermidin	vgl. S. 31	Rhazya stricta [A24]	A24)			+243° ATN A24)	A24)		A24)	ATN 222(4,50) 263(3,85) A24)	
Demethoxy-aspidospermin $C_{21}H_{28}O\,N_2$	vgl. Aspidospermin	Aspidosperma discolor [A28] A. eburneum [A28]	A28)	amph. A28)		−15° CRF A28) ·HClO$_4$ +21° MTN A28)	A28)	A28)		ATN 253(4,12) 280(3,58) 289(3,52) A28)	
Demethoxy-palosin	vgl. S. 37	Aspidosperma discolor [A28]									

A23) C. Ferrari, S. McLean, L. Marion und K. Palmer, Canad. J. Chem. 41, 1531 (1963).
A24) G. F. Smith und M. A. Wahid, J. Chem. Soc. 1963, 4002.
A25) G. Stork, Report on the Gordon Research Conference 29.7.-2.8.1963.
A26) G. Stork und J. E. Dolfini, J. Amer. Chem. Soc. 85, 2872 (1963).
A27) M. P. Cava, S. K. Talapatra, P. Yates, M. Rosenberger, A. G. Szabo, B. Douglas, R. F. Raffauf, E. C. Shoop und J. A. Weisbach, Chem. and Ind. 1963, 1875.
A28) J. M. Ferreira, B. Gilbert, R. J. Owellen und C. Djerassi, Experientia 19, 585 (1963).

Name	Strukturformel	Vorkommen	Konst.	Schm.	pKa	Dreh.	IR.	NMR.	Mass.	UV.	Synth.
Demethylaspido-spermin $C_{21}H_{28}O_2N_2$		Aspidosperma discolor A28) A. eburneum A28)	A28)	Oel ·HClO$_4$ 170° (Z.) A28)		·HClO$_4$ A28) +94° MTN A28)	A28)	A28)	A28)	ATN 220(4,39) 258(3,52) 293(3,20) A28)	
Dichotamin $C_{21}H_{24}O_4N_2$	rel. K.	Vallesia dichotoma A22)	A22)	262-263° (Z.) A22)		-116° CRF A22)	A22)	A22)	A22)	ATN 217(4,39) 257(4,08) 286$_s$(3,59) A22)	
Limapodin $C_{21}H_{28}O_3N_2$	rel. K.	Aspidosperma limae A29)	A29)	177-178° A29)		+110° CRF A29)	A29)	A29)		ATN 222(4,40) 260(3,91) 292(3,49) A29)	
Limaspermin	vgl. S. 37	Haplophyton cimicidum A13)									A13)
16-Methoxy-limapodin $C_{22}H_{30}O_4N_2$	vgl. Limapodin	Aspidosperma limae A29)	A29)	220° A29)		+131° CRF A29)	A29)	A29)	A29)	ATN 228(4,41) 264(3,92) A29)	
16-Methoxy-limaspermin $C_{23}H_{32}O_4N_2$	rel. K.	Aspidosperma limae A29)	A29)	174-175° A29)		-118° CRF A29)	A29)	A29)		ATN 229(4,40) 264(3,93) A29)	
Pleiocarpin	vgl. S. 38	Hunteria eburnea A14)		144-146° A14)	7,3 MTN-WS 1:1 A14)		A14)			A14)	
(-) Quebracha-min	vgl. S. 31	Aspidosperma sandwithianum A30)		147° A30)		-110° CRF A30)				A30)	A24) A26)

A28) J.M. Ferreira, B. Gilbert, R.J. Owellen und C. Djerassi, Experientia 19, 585 (1963).
A29) M. Pinar und H. Schmid, Liebigs Ann. Chem. 668, 97 (1963).
A30) P. Relyveld, Pharm. Weekblad 98, 175 (1963); Chem. Abstr. 59, 3976 (1963).

Name	Strukturformel	Vorkommen	Konst.	Schm.	pKa	Dreh.	IR.	NMR.	Mass.	UV.	Synth.
Tabersonin	vgl. S. 32	Stemmadenia donnell-smithii A9) S. obovata A9) S. tomentosa var. palmeri A9) Tabernae-montana alba A9)		·HCl 193-197° (Z.) A 9)		·HCl -380° MTN A 9)	A 9)			ATN 226(3,99) 298(4,01) 329(4,17) A9)	
Tuboxenin $C_{19}H_{24}N_2$		Pleiocarpa tubicina A31)	A31)	139-140° A31)		+5° CRF A31)	A31)	A31)	A31)	ATN 206(4,39) 244(3,81) 295(3,44) A31)	A31)
(+) Vincadiffor-min	vgl. S. 34	Rhazya stricta A24) Vinca difformis A24)				+540° ATN A24)					
(±) Vincadiffor-min	vgl. S. 34	Rhazya stricta A24) Vinca difformis A24)									

zu Kapitel VIII : Alkaloide vom Aspidospermatin-Typ

Name	Strukturformel	Vorkommen	Konst.	Schm.	pKa	Dreh.	IR.	NMR.	Mass.	UV.	Synth.
Tubotaiwin $C_{20}H_{24}O_2N_2$	vgl. S.132	Aspidosperma limae A29)	A29)	amph. A29) Pikr. 168-169° A29)		+584° CRF A29)					

zu Kapitel IX : Strychnos-Alkaloide

Name	Strukturformel	Vorkommen	Konst.	Schm.	pKa	Dreh.	IR.	NMR.	Mass.	UV.	Synth.
Compactinervin $C_{20}H_{24}O_4N_2$	abs. Konf.	Aspidosperma compactinervium A32)	A32)	110-120° + 235-245° (Z.) A32)		-640° PRD A32)	A32)	A32)	A32)	ATN 237(3,97) 297(3,95) 331(4,15) A32)	

A31) C. Kump, J. Seibl und H. Schmid, Helv. Chim. Acta im Druck.

A32) C. Djerassi, Y. Nakagawa, J.M. Wilson, H. Budzikiewicz, B. Gilbert und L.D. Antonaccio, Experientia 19, 467 (1963).

Name	Strukturformel	Vorkommen	Konst.	Schm.	pKa	Dreh.	IR.	NMR.	Mass.	UV.	Synth.
C-Dihydro-toxiferin	vgl. S. 51										A33)
Lochneridin	abs. Konf.	vgl. S. 47	A32)								
Norfluoro-curarin (Vincanin) A34)	vgl. S. 47, 105	Vinca erecta A34)							A35)		
Strychnin	vgl. S. 47		A36)								
C-Toxiferin I	vgl. S. 51										A33)
Vomicin	vgl. S. 49										A37)

zu Kapitel X : Alkaloide vom Ajmalicin-Typ

Name	Strukturformel	Vorkommen	Konst.	Schm.	pKa	Dreh.	IR.	NMR.	Mass.	UV.	Synth.
Ajmalicin	vgl. S. 56	Stemmadenia obovata A9)						A 9)			
Isoreser-pilin	vgl. S. 58	Aspidosperma oblongum A38)						A38)			
Isoreserpinin	vgl. S. 60				6,49 67% DMF A3)						
Rauniticin	vgl. S. 57				6,24 67% DMF A3)						

A33) K. Bernauer und H. Schmid, U.S.-Pat. 3.073.832, Chem. Abstr. 58, 9160 (1963).
A34) P.K. Yuldashev und S.Y. Yunusov, Uzbeksk. Khim. Zh. 7, 44 (1963); Chem. Abstr. 59, 10149 (1963).
A35) H. Budzikiewicz, J.M. Wilson, C. Djerassi, J. Levý, J. Le Men, und M.-M. Janot, Tetrahedron 19, 1265 (1963).
A36) K. Nagarajan, Ch. Weissmann, H. Schmid und P. Karrer, Helv. Chim. Acta 46, 1212 (1963).
A37) P. Rosenmund, Angew. Chemie 75, 1127 (1963).
A38) G. Spiteller und M. Spiteller-Friedmann, Monatsh. Chem. 94, 779 (1963).

Name	Strukturformel	Vorkommen	Konst.	Schm.	pKa	Dreh.	IR.	NMR.	Mass.	UV.	Synth.
Reserpilin	vgl. S. 57	Aspidosperma oblongum A38)			6,20 67% DMF A3)				A38)		
Alkaloid I/352	[Struktur: Indolalkaloid mit H$_3$COOC, CH$_3$, O]	Aspidosperma oblongum A38)	A38)						A38)		
Alkaloid I/382a	= Alkaloid I/352 mit 1 aromat. OCH$_3$	Aspidosperma oblongum A38)	A38)						A38)		
Alkaloid I/382b	= Alkaloid I/352 mit 1 aromat. OCH$_3$	Aspidosperma oblongum A38)	A38)						A38)		

zu Kapitel XI : Alkaloide vom Corynanthein-Typ

Name	Strukturformel	Vorkommen	Konst.	Schm.	pKa	Dreh.	IR.	NMR.	Mass.	UV.	Synth.
Dihydrositsirikin $C_{21}H_{28}O_3N_2$	= 18,19-Dihydro-sitsirikin	Vinca rosea A39)	A39)	215° A39)		-55° MTN A39)	A39)	A39)	A39)	MTN 226(4,61) 282(3,95) 290(3,88) A39)	A39)
Sitsirikin $C_{21}H_{26}O_3N_2$	[Struktur mit H$_3$COOC, CH$_2$OH] abs. Konf.	vgl. S. 112, 134	A39)	206-208° A39)		-58° MTN A39)	A39)	A39)	A39)	MTN 226(4,56) 282(3,90) 290(3,81) A39)	
Alkaloid II/298	[Struktur mit CH$_2$OH]	Aspidosperma oblongum A38)	A38)						A38)		
Alkaloid II/296	= 18,19- od. 19,20-Dehydro-Alkaloid II/298	Aspidosperma oblongum A38)	A38)						A38)		
Alkaloid II/328	= Alkaloid II/298 mit 1 aromat. OCH$_3$	Aspidosperma oblongum A38)	A38)							A38)	

A39) J.P. Kutney und R.T. Brown, Tetrahedron Letters 1963, 1815.

Name	Strukturformel	Vorkommen	Konst.	Schm.	pKa	Dreh.	IR.	NMR.	Mass.	UV.	Synth.
Alkaloid II/326	= 18,19- od. 19,20- Dehydro-Alkaloid II/328	Aspidosperma oblongum A38)	A38)						A38)		
Alkaloid III/354	[Strukturformel mit H$_3$COOC, CHOH]	Aspidosperma oblongum A38)	A38)						A38)		
Alkaloid III/352	= 18,19- od. 19,20- Dehydro-Alkaloid III/354	Aspidosperma oblongum A38)	A38)						A38)		
Alkaloid III/384	= Alkaloid III/354 mit 1 aromat. OCH$_3$	Aspidosperma oblongum A38)	A38)						A38)		
Alkaloid III/382	= Alkaloid III/352 mit 1 aromat. OCH$_3$	Aspidosperma oblongum A38)	A38)						A38)		
Alkaloid IV/356	[Strukturformel mit H$_3$COOC, CH$_2$OH]	Aspidosperma oblongum A38)	A38)						A38)		
Alkaloid IV/354	= 18,19- od. 19,20- Dehydro- Alkaloid IV/356	Aspidosperma oblongum A38)	A38)						A38)		
Alkaloid IV/386	= Alkaloid IV/356 mit 1 aromat. OCH$_3$	Aspidosperma oblongum A38)	A38)						A38)		
Alkaloid IV/384	= Alkaloid IV/354 mit 1 aromat. OCH$_3$	Aspidosperma oblongum A38)	A38)						A38)		

zu Kapitel XIII : Alkaloide vom Sarpagin-Ajmalin-Typ

Name	Strukturformel	Vorkommen	Konst.	Schm.	pKa	Dreh.	IR.	NMR.	Mass.	UV.	Synth.
Ajmalidin	vgl. S. 71	Rauwolfia mauiensis A40)									
Ajmalin	vgl. S. 71		A41)								

A40) P.J. Scheuer, M.Y. Chang und H. Fukami, J. Org. Chem. 28, 2641 (1963).

A41) M. Shamma und E.F. Walker, Experientia 19, 460 (1963).

Name	Strukturformel	Vorkommen	Konst.	Schm.	pKa	Dreh.	IR.	NMR.	Mass.	UV.	Synth.
Akuammidin	vgl. S. 70		A42)								
Macusin C $C_{22}H_{27}O_3N_2{}^+$	abs. Konf.	Calebassen-Curare A43)	A43)								
Mauiensin $C_{20}H_{24}ON_2$	vgl. S. 109	Rauwolfia mauiensis A40)	A40)	237-238° A40)							A40)
Voachalotin	vgl. S. 69		A44) A45)								

zu Kapitel XIV : Alkaloide vom Yohimbin-Typ

NMR.-Spektren von Corynanthin A46) Pseudoyohimbin A46) Yohimbin A46) α-Yohimbin A46) β-Yohimbin A46)	vgl. S. 78 vgl. S. 78 vgl. S. 76 vgl. S. 77 vgl. S. 77										

zu Kapitel XV : Oxindol-Alkaloide

Name	Strukturformel	Vorkommen	Konst.	Schm.	pKa	Dreh.	IR.	NMR.	Mass.	UV.	Synth.
Corynoxein		vgl. S. 87	A47)								A47)(B)

A42) S. Silvers und A. Tulinsky, Acta cryst. 16, 579 (1963).
A43) D.A. Yeowell, Privatmitteilung.
A44) J. Iball und C.H. Morgan, Acta cryst. 16, 434 (1963).
A45) M. Kaisin, Ind. Chim. Belge 28, 640 (1963).
A46) J.D. Albright, L.A. Mitscher und L. Goldman, J. Org. Chem. 28, 38 (1963).
A47) E.E. van Tamelen, J.P. Yardley und M. Miyano, Tetrahedron Letters 1963, 1011.

Name	Strukturformel	Vorkommen	Konst.	Schm.	pKa	Dreh.	IR.	NMR.	Mass.	UV.	Synth.
Isorhyncho-phyllin	vgl. S. 88		A48)								A48)
Isorotundifolin	vgl. S. 135						A50)	A50)		A50)	
Rhyncho-phyllin	vgl. S. 88		A48)								A47)A48) A49) A47)(B)
Rotundifolin (Stipulatin) A50)	vgl. S. 88, 134, 135			238-240° A50)	5,3 WS A50)		A50)	A50)		ATN 233(4, 36) ~242$_s$(4, 15) ~292(3, 42) A50)	
Speciofolin $C_{22}H_{28}O_5N_2$		Mitragyna speciosa A50)	A50)	202-204° A50)	6,3 WS A50)	-103° CRF A50)	A50)	A50)		ATN 223(4, 47) ~242$_s$(4, 27) ~290(3, 49) A50)	

zu Kapitel XVII : Calycanthus-Alkaloide mit Indolgerüst

Synthese und Massenspektrum von Folicanthin A51)	vgl. S. 93										

zu Kapitel XIX : Physostigmin-Geneserin-Gruppe

Massenspektrum von Physostigmin A52)	vgl. S. 99										

A48) Y. Ban und T. Oishi, Chem. & Pharm. Bull. Japan 11, 451 (1963).
A49) T. Oishi, S. Maeno und Y. Ban, Chem. & Pharm. Bull. Japan 11, 1195 (1963).
A50) A. H. Beckett, C. M. Lee und A. N. Tackie, Tetrahedron Letters 1963, 1709.
A51) T. Hino und S. Yamada, Tetrahedron Letters 1963, 1757.
A52) E. Clayton und R. I. Reed, Tetrahedron 19, 1345 (1963).

zu Kapitel XX : Indolalkaloide verschiedener Typen

Name	Strukturformel	Vorkommen	Konst.	Schm.	pKa	Dreh.	IR.	NMR.	Mass.	UV.	Synth.
Burnamicin	vgl. S. 133	Hunteria eburnea A14)	A14)	198-200° (Z.) A14)	8,9 MTN-WS 1:1 A14)	-281° CRF A14)	A14)			ATN 236$_s$(4,13) 311(4,16) A14)	
Picralin	vgl. S. 117, 136								A53)		
Stemmadenin	vgl. S. 102	Stemmadenia obovata A9) S. tomentosa var. palmeri A9)									

zu Kapitel XXI : Indolalkaloide unbekannter Struktur

Name	Summenformel	Vorkommen	Schm.	pKa	Dreh.	IR.	NMR.	Mass.	UV.	
Burnamin	$C_{21}H_{26}O_4N_2$	Hunteria eburnea A14)	197-198° A14)	6,3 MTN-WS 1:1 A14)	-131° CRF A14)	A14)			ATN 234(3,83) 288(3,49) A14)	
Harmidin	$C_{13}H_{14}ON_2$ vgl. S. 105	Peganum harmala A54)	257-258° A54)							
Hunteriamin	$C_{39}H_{48}O_2N_4$	Hunteria eburnea A55)	·2HCl 310-315° (Z.) A55)	6,56 MCS A55)	·2HCl +27° MTN A55)	A55)			·2HCl MTN 222(4,44) 279(3,89) 294$_s$ 304$_s$ 315$_s$ A55)	
Neburnamin		Hunteria eburnea A14)	290-292° A14)	7,7 + 9,9 MTN-WS 1:1 A14)	-199° MTN A14)				ATN 230$_s$ 284$_s$ 293 A14)	

A53) A.Z. Britten, G.F. Smith und G. Spiteller, Chem. and Ind. 1963, 1492.

A54) S. Siddiqui, Pakistan J. Sci. Ind. Res. 5, 207 (1962); Chem. Abstr. 59, 5213 (1963).

A55) U. Renner, Z. Physiol. Chem. 331, 105 (1963).

Name	Summenformel	Vorkommen	Schm.	pKa	Dreh.	IR.	NMR.	Mass.	UV.	Synth.
Pleiocarpamin vgl. S. 110	$C_{20}H_{22}O_2N_2$	Hunteria eburnea [A14]	164-165° A14)	7,3 MTN WS 1:1 A14)	+123° CRF A14)	A14)			ATN 230(4,47) 285(3,91) 294$_s$(3,83) A14)	
Rhazidin	$C_{20}H_{26}O_3N_2$	Rhazya stricta [A56]	278-279° A56)		-21° ATN A56)	A56)			ATN 236 294 A56)	

A56) N. A. Chaudhury, G. Ganguli, A. Chatterjee und G. Spiteller,
Indian J. Chem. 1, 95 (1963); Chem. Abstr. 59, 6460 (1963).

If you have any concerns about our products,
you can contact us on
ProductSafety@springernature.com

In case Publisher is established outside the EU,
the EU authorized representative is:
**Springer Nature Customer Service Center GmbH
Europaplatz 3, 69115 Heidelberg, Germany**

Printed by Libri Plureos GmbH
in Hamburg, Germany